Adobe After Effects 2020
影视后期设计与制作案例课堂

王丽红　许文杰　周　民　主编

清華大学出版社

北　京

内 容 简 介

本书以实际应用为写作目的，围绕After Effects软件展开介绍，内容遵循由浅入深、从理论到实践的原则进行讲解。全书共12章，依次介绍了After Effects入门必学、素材的应用、图层基础知识、关键帧与表达式、文字动画、蒙版工具、色彩校正与调色、滤镜特效的应用、粒子与光效、抠像与合成等内容。最后通过制作视频片头、飘雪动画两个实操案例，对前面所学的知识进行综合讲解，以帮助读者对知识更好的吸收，并达到学以致用的目的。

本书适合作为高等院校相关专业学生的教材或辅导用书，也适合作为社会各类After Effects软件培训班的首选教材。

图书在版编目（CIP）数据

Adobe After Effects 2020影视后期设计与制作案例课堂 / 王丽红，许文杰，周民主编. —北京：清华大学出版社，2023.5

　ISBN 978-7-302-63016-6

　Ⅰ. ①A… Ⅱ. ①王… ②许… ③周… Ⅲ. ①图像处理软件—高等职业教育—教材 Ⅳ. ①TP391.413

中国国家版本馆CIP数据核字（2023）第060953号

责任编辑：李玉茹
封面设计：杨玉兰
责任校对：周剑云
责任印制：曹婉颖

出版发行：清华大学出版社
　　　网　　　址：http://www.tup.com.cn，http://www.wqbook.com
　　　地　　　址：北京清华大学学研大厦A座　　　　邮　　编：100084
　　　社　总　机：010-83470000　　　　　　　　　邮　　购：010-62786544
　　　投稿与读者服务：010-62776969，c-service@tup.tsinghua.edu.cn
　　　质　量　反　馈：010-62772015，zhiliang@tup.tsinghua.edu.cn
　　　课　件　下　载：http://www.tup.com.cn，010-83470236
印　装　者：三河市人民印务有限公司
经　　　销：全国新华书店
开　　　本：185mm×260mm　　　印　　张：16　　　字　　数：389千字
版　　　次：2023年5月第1版　　　　　　　　　　印　　次：2023年5月第1次印刷
定　　　价：79.00元

产品编号：096436-01

前 言

　　After Effects（AE），是Adobe公司推出的一款功能非常强大的图形视频处理软件，是制作动态影像设计不可或缺的辅助工具。该软件主要用于2D和3D合成、动画和视觉效果的制作，操作方便、易于上手，深受广大设计爱好者与专业从业者的喜爱。为了能够给用户提供After Effects技术支持与帮助，编者团队创作了这本After Effects图书教程。

　　本书在介绍理论知识的同时，安排了大量的课堂练习，还穿插了"操作技巧"和"知识拓展"小栏目，旨在让读者全面了解各知识点在实际工作中的应用。同时在每章结尾处安排了"强化训练"板块，其目的是为了巩固本章所学内容，从而提高操作技能。

内容概要

　　本书知识结构安排合理，以理论与实操相结合的形式，从易教、易学的角度出发，帮助读者快速掌握After Effects软件的使用方法。

章 节	主要内容
第1章	主要介绍了影视后期相关软件、影视后期常用术语、After Effects工作界面、首选项设置、项目的创建与设置
第2章	主要介绍了合成相关知识、素材的导入与管理
第3章	主要介绍了"时间轴"面板、图层类型、图层的创建与属性设置、图层的基本操作、图层的混合模式
第4章	主要介绍了关键帧类型、关键帧的创建与编辑、图表编辑器、表达式的语法与创建、常用表达式
第5章	主要介绍了文字的创建与编辑、文字的基本属性与路径属性、文本动画控制器
第6章	主要介绍了蒙版的概念、蒙版工具的应用、蒙版的混合样式与基本属性
第7章	主要介绍了"色彩校正"效果组中的基础调色特效以及一些常用特效的知识与应用
第8章	主要介绍了"风格化"滤镜组、"模糊和锐化"滤镜组、"生成"滤镜组、"透视"滤镜组、"扭曲"滤镜组、"过渡"滤镜组中常用特效的知识与应用
第9章	主要介绍了常用仿真粒子特效与光线特效的知识与应用
第10章	主要介绍了"抠像"特效组中常用效果以及Keylight（1.2）特效的知识与应用
第11章	制作宣传视频片头，以综合案例的形式对前面所学知识进行巩固
第12章	制作室外飘雪动画效果，以综合案例的形式对前面所学知识进行巩固

配套资源

（1）案例素材及源文件。

书中所用到的案例素材及源文件均可在官网同步下载，以最大程度方便读者进行实践。

（2）配套学习视频。

本书涉及的疑难操作均配有高清视频讲解，并以二维码的形式提供给读者，读者只需扫描书中二维码即可下载观看。

（3）PPT教学课件。

配套教学课件，方便教师授课所用。

适用读者群体

- 影视后期制作爱好者。
- 高等院校相关专业的学生。
- 想要学习影视后期知识的职场新人。
- 想要拥有一技之长的社会人士。
- 社会培训机构的师生。

本书由王丽红（黑河学院）、许文杰（呼伦贝尔技师学院）、周民（北京培黎职业学院）编写。其中，王丽红编写第1～7章，许文杰编写第8～10章，周民编写第11～12章。在编写过程中力求严谨、细致，但由于水平与精力有限，疏漏之处在所难免，恳请广大读者批评指正。

编　者

扫 码 获 取 配 套 资 源

目 录

第1章 After Effects 入门必学

第2章 素材的应用

第3章 图层基础知识

After Effects

第4章 关键帧与表达式

第5章 文字动画

第6章 蒙版工具

After Effects

第7章 色彩校正与调色

第8章 滤镜特效的应用

After Effects

第9章 粒子与光效

第10章 抠像与合成

第**11**章 制作宣传视频片头

After Effects

第**12**章 制作窗外飘雪动画

After Effects

第 **1** 章

After Effects
入门必学

内容导读

　　After Effects CC是Adobe公司开发的一款视频剪辑及设计软件，是制作动态影像设计不可或缺的辅助工具。本章将对影视后期软件的常用术语、常用文件格式、After Effects的应用领域、工作界面、首选项设置以及项目创建的基本过程进行详细讲解。通过对本章内容的学习，读者可以全面认识和掌握After Effects的应用领域、版本工作界面组成、软件的设置以及项目创建等知识。

要点难点

- 了解影视后期相关知识
- 了解After Effects的应用领域
- 熟悉After Effects的工作界面
- 熟悉软件的首选项设置
- 掌握项目的基本操作技能

1.1 影视后期相关软件 ////////////////////////

影视后期制作分为视频合成和非线性编辑两部分，在编辑与合成的过程中，往往需要用到多个软件，如Adobe公司旗下的After Effects、Premiere Pro、Photoshop等，以及Corel公司旗下的会声会影等。通过综合使用多个软件，可以制作出更绚丽的视频效果。下面将针对这些软件进行介绍。

1.1.1 After Effects

After Effects是Adobe公司旗下一款非线性特效制作视频软件，包括影视特效、栏目包装、动态图形设计等方面。该软件主要用于制作特效，可以帮助用户创建动态图形和精彩的视觉效果。与三维软件结合使用，可以使作品呈现更为酷炫的效果。图1-1所示为After Effects软件制作出的效果。

图 1-1

1.1.2 Premiere Pro

Premiere Pro是由Adobe公司出品的一款非线性音/视频编辑软件。主要用于剪辑视频，同时包括调色、字幕、简单特效制作、简单的音频处理等常用功能，且与Adobe公司旗下的其他软件兼容性较好，画面质量也较高，因此被广泛应用。图1-2所示为Premiere Pro软件后期调色制作出的效果。

图 1-2

1.1.3　会声会影

会声会影出自Corel公司，是一款功能强大的视频编辑软件，具有图像抓取和编修功能，其制作效果如图1-3所示。该软件操作简单，功能丰富，适合家庭日常使用，相对于EDIUS、Adobe Premiere Pro、Adobe After Effects等视频处理软件来说，在专业性上略微逊色。

图 1-3

1.1.4　Photoshop

Photoshop软件与After Effects、Premiere Pro软件同属于Adobe公司，是一款专业的图像处理软件。该软件主要处理由像素构成的数字图像，在影视后期制作中，该软件可以与After Effects、Premiere Pro软件协同工作，满足日益复杂的视频制作需求。图1-4所示为使用Photoshop软件制作的图像效果。

图 1-4

1.2　影视后期常用术语 ///////////////////////////

After Effects的使用过程中会遇到很多常用的专业术语，读者在学习之前应掌握各种术语的概念和意义，才能更好地学习After Effects。

3

1. 合成图像

合成图像是After Effects中的一个重要术语。在一个新项目中制作视频特效，首先需要创建一个合成图像，在合成图像中才可以对各种素材进行编辑和处理。合成图像是以图层为操作的基本单元，可以包含任意多个类型的图层。每个合成图像既可以独立工作，又可以嵌套使用。

2. 图层

图层是引用Photoshop中的概念，可以使After Effects非常方便地导入Photoshop和Illustrator中的层文件，还可以将视频、音频、文字、静态图像等其他类型的文件作为图层显示在合成图像中。

3. 帧

帧是指每秒显示的图像数（帧数），是传统英式和数字视频中的基本信息单元。人们在电视中看到的活动画面其实都是由一系列的单个图片构成，相邻图片之间的差别很小。这些图片高速连贯起来就成为活动的画面，其中的每一幅画面就是一帧。

4. 帧速率

帧速率就是视频播放时每秒渲染生成的帧数。电影的帧速率是24帧/秒；PAL制式的电视系统的帧速率是25帧/秒；NTSC制式的电视系统的帧速率是29.97帧/秒。由于技术的原因，NTSC制式在时间码与实际播放时间之间有0.1%的误差，达不到30帧/秒，为了解决这个问题，NTSC制式中有设计掉帧格式，这样就可以保证时间码与实际播放时间一致了。

5. 帧尺寸

帧尺寸就是形象化的分辨率，是指图像的长度和宽度（单位为像素或px）。PAL制式的电视系统的帧尺寸一般为720×576，NTSC制式的电视系统其帧尺寸一般为720×480，HDV制式的帧尺寸则是1280×720或者1440×1280。

6. 关键帧

关键帧是编辑动画和处理特效的核心技术，记载着动画或特效的特征及参数，关键帧之间画面的参数则是由计算机自动运行并添加。

7. 时间码

时间码是影视后期编辑和特效处理中视频的时间标准。通常时间码是用于识别和记录视频数据流中的每一帧，以便在编辑和广播中进行控制。根据动画和电视工程师协会使用的时间码标准，其格式为"小时:分钟:秒:帧"。

学习笔记

1.3 After Effects的工作界面

　　After Effects是一款用于高端视频特效系统的专业特效合成软件,借鉴了许多优秀软件的成功之处,将视频特效合成技术上升到了一个新的高度。After Effects保留了Adobe软件与其他图形图像软件的优秀兼容性,可以非常方便地调入Photoshop、Illustrator等的层文件,也可以近乎完美地再现Premiere Pro的项目文件,还可以调入Premiere Pro的EDL文件。

　　After Effects版本进一步提升了软件性能,而且提供了全新的硬件加速解码,扩展和改进了对格式的支持,并修复了一些错误。启动After Effects的界面如图1-5所示。

图 1-5

　　After Effects成功启动后,系统会弹出"主页"面板,右侧显示最近使用的项目,左侧显示"新建项目""打开项目""新建团队项目"及"打开团队项目"按钮,如图1-6所示。

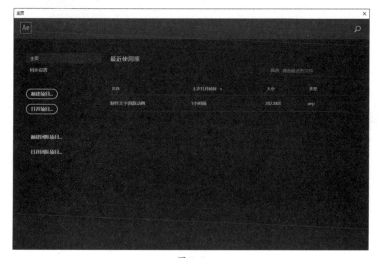

图 1-6

待进入工作界面后，便能看到软件的真面目。After Effects的工作界面主要由菜单栏、工具栏、项目面板、合成面板、时间轴面板以及各类其他面板组成，如图1-7所示。

①菜单栏　②工具栏
③项目、效果控件面板组
④合成、图层、素材面板组
⑤时间轴、渲染队列面板组
⑥效果和预设、对齐、字符、
　段落、跟踪器等面板组

图 1-7

（1）菜单栏：菜单栏中包含"文件""编辑""合成""图层""效果""动画""视图""窗口"和"帮助"9个菜单。

（2）工具栏：工具栏中包含十余种工具，如选择、缩放、旋转、文字、钢笔等，使用频率非常高，是After Effects非常重要的组成部分。

（3）项目面板：项目面板主要用于管理素材和合成，是After Effects的四大功能面板之一。用户可以单击鼠标右键进行新建合成、新建文件夹等操作，也可以显示或存放项目中的素材或合成。面板上方为素材的信息栏，包括名称、类型、大小、媒体持续时间、文件路径等，依次从左到右进行显示。

（4）合成面板：合成面板主要用于显示当前合成的画面效果，并且可以对素材进行编辑。

（5）时间轴面板：时间轴面板是控制图层效果或图层运动的平台，用户可以在该面板进行创建图层、创建关键帧等操作。

（6）其他工具面板：After Effects工作界面中还有一些面板在操作时经常会用到，如"窗口"面板、"信息"面板、"音频"面板、"预览"面板、"效果和预设"面板等。由于界面大小有限，不能将所有面板完整展示，因此需要使用时单击工作界面右侧的列表项即可打开相应的面板。

1.4 首选项的设置

通常，系统会按默认设置运行After Effects软件，但为了适应用户制作需求，也为了使所制作的作品更能满足各种特技要求，用户可以通过执行"编辑"→"首选项"菜单命令打开"首选项"对话框来设置各类参数，该对话框中包括"常规""预览""显示""导入""输出""网格和参考线""标签""媒体和磁盘缓存""视频预览""外观""新建项目""自动保存""内存""音频硬件""音频输出映射""同步设置""类型""脚本和表达式"共18个选项卡。

1. "常规"选项卡

"常规"选项卡主要用于设置软件操作中的基本选项，如图1-8所示。

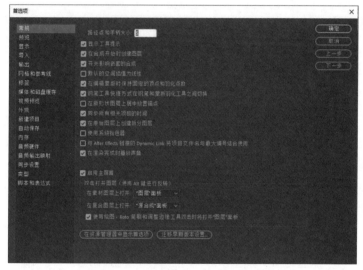

图 1-8

2. "预览"选项卡

"预览"选项卡主要用于设置项目完成后的一些预览参数，如图1-9所示。

图 1-9

3. "显示"选项卡

"显示"选项卡主要用于设置项目的运动路径和相关的关键帧、时长等参数，如图1-10所示。

图 1-10

4. "导入"选项卡

"导入"选项卡主要用于设置静止素材、序列素材、视频素材、自动重新加载素材等素材导入参数，如图1-11所示。

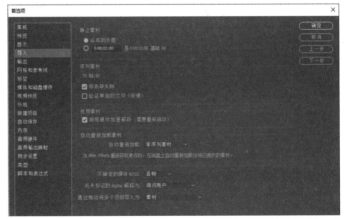

图 1-11

5. "输出"选项卡

"输出"选项卡主要用于设置影片的输出参数，如图1-12所示。

图 1-12

6. "网格和参考线"选项卡

"网格和参考线"选项卡主要用于设置网格颜色、网格样式、网格线间隔以及对称网格、参考线和安全边距等选项，如图1-13所示。

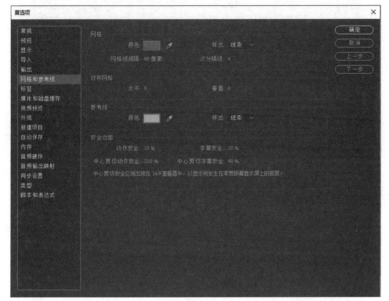

图 1-13

7. "标签"选项卡

"标签"选项卡主要用于设置标签的默认值和默认颜色，如图1-14所示。

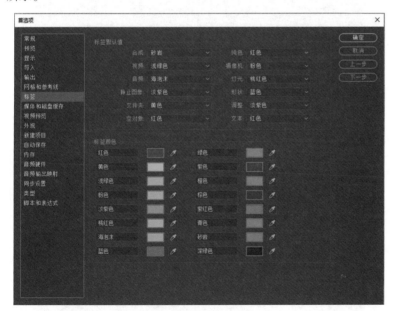

图 1-14

8. "媒体和磁盘缓存"选项卡

"媒体和磁盘缓存"选项卡主要用于设置磁盘缓存、符合的媒体缓存和XMP元数据等选项，如图1-15所示。

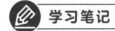
学习笔记

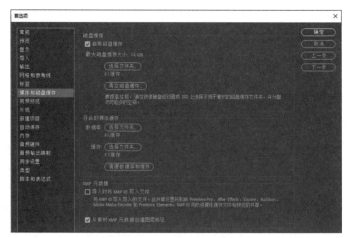

图 1-15

9. "视频预览"选项卡

"视频预览"选项卡主要用于设置外部监视器设备，如图1-16所示。

图 1-16

10. "外观"选项卡

"外观"选项卡主要用于设置After Effects的界面颜色及亮度等，如图1-17所示。

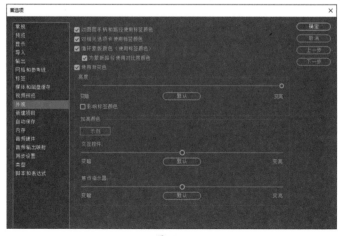

图 1-17

11. "新建项目"选项卡

"新建项目"选项卡可以用喜欢的项目设置（如色彩管理和文件夹结构）来创建模板，并将其用作每个新建项目的基础，如图1-18所示。

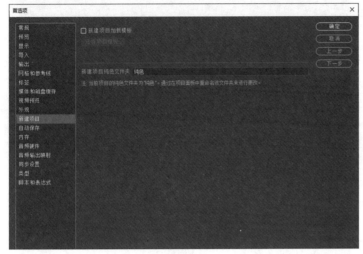

图 1-18

12. "自动保存"选项卡

"自动保存"选项卡主要用于设置项目的保存间隔时间、保存环境、最大保存数目及保存位置等，如图1-19所示。勾选"保存间隔"复选框，系统将根据所设置的间隔时间，自动保存当前所操作的项目。

学习笔记

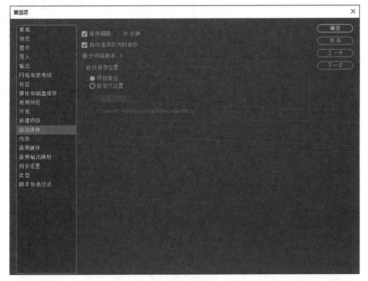

图 1-19

13. "内存"选项卡

"内存"选项卡主要用于设置内存和After Effects多重处理选项，如图1-20所示。

图 1-20

14. "音频硬件"选项卡

"音频硬件"选项卡主要用于设置音频的输出设备等，如图1-21所示。

图 1-21

15. "音频输出映射"选项卡

"音频输出映射"选项卡中包含"映射其输出"在"左侧"和"右侧"2个选项，选项的具体设置与计算机所安装的音频硬件相关，用户可以在展开的下拉列表框中设置音频映射时的输出格式，如图1-22所示。

图 1-22

学习笔记

16. "同步设置"选项卡

"同步设置"选项卡主要用于设置有关同步设置的选项，如图1-23所示。

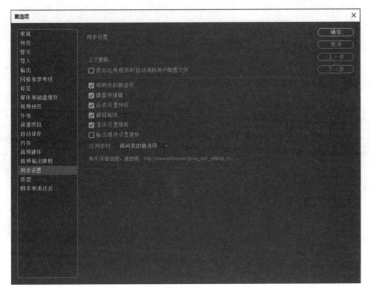

图 1-23

17. "类型"选项卡

"类型"选项卡主要用于设置语言和字体，如图1-24所示。如果用户需要使用西文、中文、日语、拉丁文或韩语，需要选择"拉丁"；如果需要中东或印度语言，则需要选择"南亚和中东"。

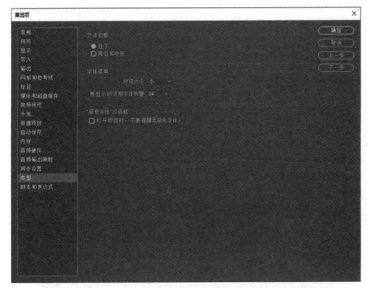

图 1-24

18. "脚本和表达式"选项卡

"脚本和表达式"选项卡主要用于支持脚本研发、表达式和表达式编辑器的设置，如图1-25所示。

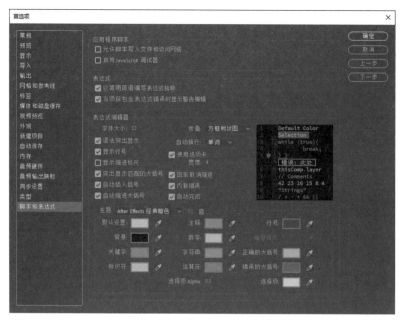

图 1-25

课堂练习 自定义工作界面

After Effects工作界面的布局和颜色是可以自由调整的，用户可以根据自己的需要对工作界面进行调整。

步骤 01 启动After Effects应用程序，可以看到当前默认的工作界面布局和面板颜色，如图1-26所示。

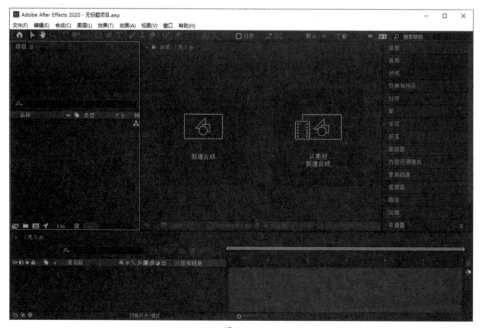

图 1-26

步骤 02 在菜单栏中，执行"编辑"→"首选项"→"外观"命令，会打开"首选项"对话框的"外观"选项卡，如图1-27所示。

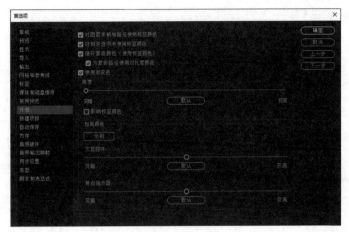

图 1-27

步骤 03 在"亮度"选项组中拖动滑块向右移动到"变亮"一侧，对话框的界面颜色会随着滑块移动而变化，继续调整"加亮颜色"选项组中的滑块，如图1-28所示。

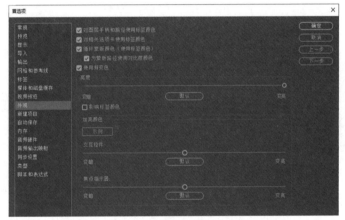

图 1-28

步骤 04 单击"确定"按钮关闭"首选项"对话框，可以看到当前工作界面的效果，如图1-29所示。

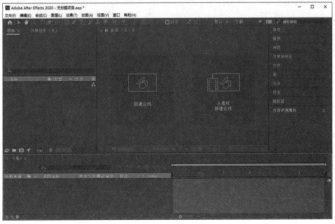

图 1-29

步骤 05 新建一个项目合成，观察当前的界面布局，如图1-30所示。

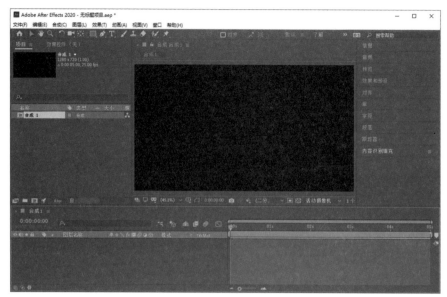

图 1-30

步骤 06 将鼠标指针移动到面板与面板之间的缝隙处，鼠标指针会变成 ✛ 形状，按住鼠标并拖动，即可调整该缝隙相邻的两块面板的面积，最终调整后的工作界面如图1-31所示。

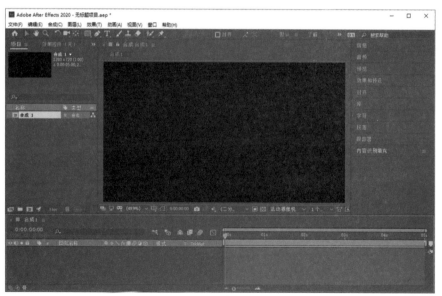

图 1-31

1.5 创建我的项目

启动After Effects软件时，系统会创建一个项目，通常采用的是默认设置。如果用户要制作比较特殊的项目，则须新建项目并对项目进行更详细的设置。

1.5.1 新建项目

After Effects 2020中的项目是一个文件，用于存储合成、图形及项目素材使用的所有源文件的引用。在新建项目之前，用户需要先了解项目的基础知识。

1. 项目概述

当前项目的名称显示在After Effects 2020窗口的顶部，一般使用.aep作为文件扩展名。除了该文件扩展名外，还支持模板项目文件的.aet文件扩展名和.aepx文件扩展名。

2. 新建空白项目

依次执行"文件"→"新建"→"新建项目"菜单命令，即可创建一个采用默认设置的空白项目。用户也可以直接按Ctrl+Alt+N组合键，快速创建一个空白项目。

1.5.2 设置项目

在开始工作前，用户可以根据工作需求对项目进行一些常规性设置。执行"文件"→"项目设置"菜单命令，会打开"项目设置"对话框，用户可以在该对话框中进行相应的设置。

学习笔记

1. "视频渲染和效果"选项卡

"视频渲染和效果"选项卡用于设置视频渲染和效果的使用范围，如图1-32所示。

图 1-32

2. "时间显示样式"选项卡

"时间显示样式"选项卡用于对制作项目所使用的时间基准和帧数进行设置，如图1-33所示。

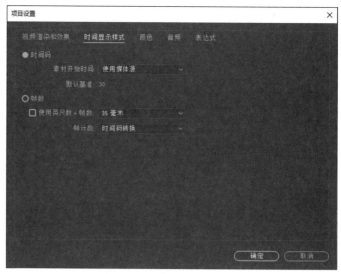

图 1-33

（1）时间码：主要用于设置时间位置的基准，表示每秒放映的帧数。例如，选择30帧/秒，即每秒放映30帧。

（2）帧数：按帧数计算。

（3）使用胶片的每英寸帧数：用于胶片，计算16毫米和35毫米电影胶片每英寸的帧数。16毫米胶片为16帧/英寸，35毫米胶片为35帧/英寸。

（4）帧计数：确定"帧数"的时间显示样式的起始数。

3. "颜色"选项卡

"颜色"选项卡用于对项目中所使用的色彩深度进行设置，如图1-34所示。

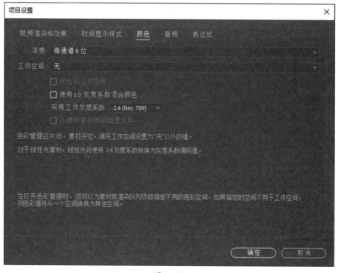

图 1-34

4. "音频"选项卡

"音频"选项卡用于设置在当前项目中所有声音素材的质量。"采样率"越高声音的质量就越好，占用的存储空间也越大，如图1-35所示。

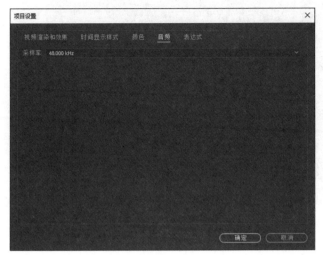

图 1-35

5. "表达式"选项卡

"表达式"选项卡用于选择表达式引擎种类，如图1-36所示。

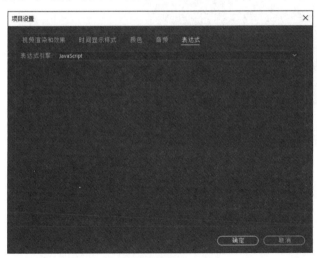

图 1-36

课堂练习 收集项目中的素材文件

对于已创建好的项目，其素材文件可能分布在计算机的各个硬盘文件夹中，查看起来非常不便。After Effects的"整理工程"功能可以快速地帮助用户将项目中的素材文件整理到一个文件夹中。具体操作步骤介绍如下。

步骤 01 打开制作好的项目文件，如图1-37所示。

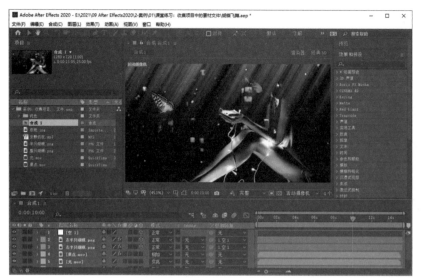

图 1-37

步骤 02 执行"文件"→"整理工程（文件）"→"收集文件"菜单命令，打开"收集文件"对话框，勾选"完成时在资源管理器中显示收集的项目"复选框，如图1-38所示。

图 1-38

步骤 03 单击"收集"按钮，会打开"将文件收集到文件夹中"对话框，指定文件夹目标路径和文件名，如图1-39所示。

图 1-39

步骤 04 单击"保存"按钮，即可开始复制文件，系统会弹出"复制文件"提示框，显示复制进度，如图1-40所示。

图 1-40

步骤 05 收集完成后系统会自动打开目标文件夹，可以看到系统自动创建名为"（素材）"的文件夹，且自动备份项目文件，如图1-41所示。

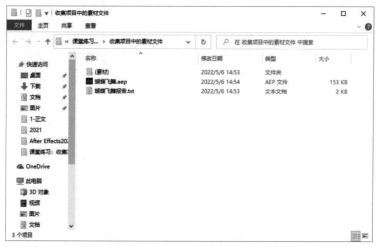

图 1-41

强化训练

1. 项目名称

创建自己的工作区

2. 项目分析

在项目制作过程中，用户需要操作各种面板，After Effects提供了一些可选模板，但有时仍无法满足用户的需求。用户可以打开需要的面板，关闭不常用的面板，最后形成最适合自己的工作区布局。用户可以选择将该布局保存，以便下次打开After Effects时直接应用。

3. 项目效果

工作区调整前后的对比效果如图1-42和图1-43所示。

图 1-42

图 1-43

4. 操作提示

①打开"窗口"菜单，从中选择要使用的或要取消的面板。

②执行"窗口"→"工作区"→"另存为新工作区"菜单命令，可创建新的工作区并命名。

第 **2** 章

素材的应用

内容导读

After Effects的项目是存储在硬盘上的单独文件，其中存储了合成、素材以及所有的动画信息。一个项目可以包含多个素材和多个合成，合成中的许多层是通过导入的素材创建的。在After Effects中可以直接创建图形图像文件。本章将详细介绍创建和管理项目的基础知识及操作技巧，帮助用户打好坚实的基础。

要点难点

- 熟悉合成面板和时间轴面板
- 掌握合成操作
- 熟悉素材的导入操作
- 熟悉素材的管理操作

2.1 认识合成 //////////////////////////////////////

合成是影片的框架，包括视频、音频、动画文本、矢量图形等多个图层。此外，合成的作品不仅能够独立工作，而且可以作为素材使用。

2.1.1 "项目"面板

"项目"面板主要用于组织管理素材、文件夹、分类、合成等对象，所有导入的素材或者创建的合成都会被存放在"项目"面板中，面板底部提供了"解释素材""新建文件夹""新建合成"等命令按钮，如图2-1所示。

图 2-1

2.1.2 "合成"面板

在After Effects中，要在一个新项目中编辑、合成影片，首先要产生一个合成图像。在合成图像时，通过使用各种素材进行编辑、合成。合成的图像就是将来要输出的成片。

"合成"面板主要是用来显示各个层的效果，不仅可以对层进行移动、旋转、缩放等直观的调整，还可以显示对层使用滤镜等特效。"合成"面板分为预览窗口和操作区域两大部分，预览窗口主要用于显示图像，而在预览窗口的下方则为包含工具栏的操作区域，如图2-2所示。

默认情况下，预览窗口显示的图像是合成的第一个帧，透明部分显示为黑色，用户也可以将其设置显示为合成帧。

图 2-2

2.1.3 "时间轴"面板

"时间轴"面板是编辑视频特效的主要面板，主要用来管理素材的位置，并且在制作动画效果时，定义关键帧的参数和相应素材的出入点和延时。该面板是软件界面中默认显示的面板，一般存在于工作界面底部，如图2-3所示。

图 2-3

2.1.4 新建合成

合成一般用来组织素材，在After Effects中，用户既可以新建一个空白的合成，也可以根据素材新建包含该素材的合成。

1. 新建空白合成

执行"合成"→"新建合成"菜单命令，或者单击"项目"面板底部的"新建合成"按钮，即可打开"合成设置"对话框，用户可在该对话框中设置长宽尺寸、帧速率、持续时间等参数，如图2-4所示。

2. 基于单个素材新建合成

当"项目"面板中导入外部素材文件后，还可以通过素材建立合成。在"项目"面板中选中素材，执行"文件"→"基于所选项新建合成"菜单命令，即可根据该素材创建合成，如图2-5和图2-6所示。用户也可以直接将素材拖至"项目"面板底部的"新建合成"按钮上。

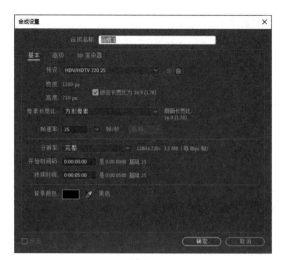

图 2-4

图 2-5

图 2-6

❸. 基于多个素材新建合成

如果在"项目"面板同时选择多个素材，再执行"文件"→"基于所选项新建合成"菜单命令，系统会弹出"基于所选项新建合成"对话框，用户可以设置新建合成的尺寸来源、静止持续时间等，如图2-7所示。

图 2-7

2.1.5　嵌套合成

合成的创建是为了视频动画的制作，而对于效果复杂的视频动画，还可以将其合成作为素材，放置到其他合成中，形成视频动画的嵌套合成。

1. 嵌套合成的含义

After Effects不能对图层进行编组，如果用户想要将多个图层整合在一起，就需要通过嵌套来实现。嵌套合成又称为预合成，是指将一个合成拖入到另一个合成中，作为一个图层而存在。

2. 创建嵌套合成

用户可通过将现有合成添加到其他合成中的方法来创建嵌套合成。在"时间轴"面板中选中单个或多个图层并右击，在弹出的快捷菜单中选择"预合成"命令，系统会弹出"预合成"对话框，这里可以设置新创建的嵌套合成，如图2-8和图2-9所示。此外，执行"图层"→"预合成"菜单命令或者按Ctrl+Shift+C组合键，也可以创建嵌套合成。

学习笔记

图 2-8

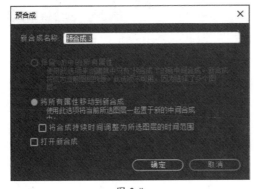

图 2-9

3. 嵌套关系

嵌套合成通常用于组织和管理复杂的合成。如果想要查看合成之间的嵌套关系，可以单击"时间轴"面板的"合成微型流程图"按钮 ，会弹出一个流程图，如图2-10所示。单击流程图上的合成名称，可以快速切换合成。

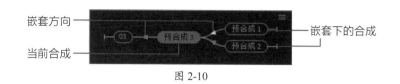

嵌套方向

当前合成

嵌套下的合成

图 2-10

2.2　导入素材

在After Effects中，除了可以依靠内置的矢量图形功能增加动态效果外，还需要导入一些外部素材来丰富动画效果。

素材是After Effects的基本构成元素，在After Effects中可导入的素材包括动态视频、静帧图像、静帧图像序列、音频文件、Photoshop分层文件、Illustrator文件、After Effects工程中的其他合成、Premiere工程文件以及Flash输出的SWF格式文件等。在工作中，将素材导入"项目"面板中有多种方式。

1. 一次性导入一个或多个素材

执行"文件"→"导入"→"文件"菜单命令或按Ctrl+I组合键，在弹出的"导入文件"对话框中选择需要导入的文件即可，如图2-11所示。如果要导入多个素材文件，可以配合使用Ctrl键进行加选素材。

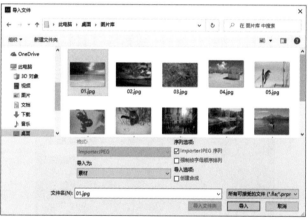

图 2-11

2. 连续导入单个或多个素材

执行"文件"→"导入"→"多个文件"菜单命令或按Ctrl+Alt+I组合键，会打开"导入多个文件"对话框，如图2-12所示。从中选择需要的单个或多个素材，然后单击"导入"按钮即可导入素材。

3. 右键快捷菜单导入素材

如果要通过"项目"面板导入素材，可以在"项目"窗口的空白处右击，在弹出的快捷菜单中选择"导入"命令，在其级联菜单中可以选择"文件""多个文件"等子命令，如图2-13所示。在"项目"面板中双击，也可打开"导入文件"对话框。

图 2-12

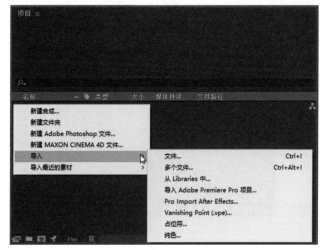

图 2-13

4. 拖曳方式导入素材

在Windows系统资源管理器或Bridge窗口中，选择需要导入的素材文件或文件夹，然后直接将其拖曳到"项目"面板中，即可完成导入素材的操作。

5. 导入序列文件

在"导入文件"对话框中勾选"ImporterJPEG序列"复选框或者"强制按字母顺序排列"复选框，系统会根据所选项以序列的方式导入素材。如果只需要导入序列文件的一部分，可以在勾选"序列"选项后，框选需要导入的部分素材，再单击"导入"按钮。

6. 导入含有图层的素材

在导入含有图层的素材文件（如Photoshop的PSD文件和Illustrator的AI文件）时，After Effects可以保留文件中的图层信息。用户可以选择以"素材"或"合成"的方式将素材导入，如图2-14和图2-15所示。

知识拓展

当以"合成"方式导入素材时，After Effects会将整个素材作为一个合成。在合成里面，原始素材的图层信息可以得到最大限度的保留，用户可以在这些原有图层的基础上再次制作一些特效和动画。如果以"素材"方式导入素材，用户可以选择以"合并图层"的方式将原始文件的所有图层合并后再一起进行导入，也可以"选择图层"的方式选择某些图层作为素材进行导入。选择单个图层作为素材进行导入时，可以设置导入的素材尺寸，如图2-16所示。

图 2-14

图 2-16

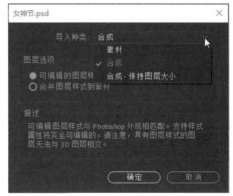

图 2-15

课堂练习 制作宽屏荧幕效果

本案例将利用合成制作一个电影宽屏的视频效果，具体操作步骤如下。

步骤 01 准备一个视频素材，打开后播放效果如图2-17所示。

图 2-17

步骤 02 启动After Effects应用程序，按Ctrl+Alt+N组合键新建项目，接着执行"合成"→"新建合成"菜单命令，打开"合成设置"对话框，设置合成尺寸为1600 px×1170px，设置像素长宽比为"方形像素"，再设置持续时间为10s，默认背景颜色为黑色，如图2-18所示。

步骤 03 单击"确定"按钮关闭对话框，创建一个合成，如图2-19所示。

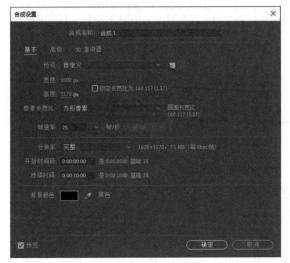

图 2-18

图 2-19

步骤 04 将视频文件拖曳至"项目"面板中，再将视频素材拖至"时间轴"面板，在"合成"面板中可以看到视频素材添加的效果，如图2-20所示。

步骤 05 按Ctrl+Shift+Alt+H组合键使视频素材的宽度适配到合成尺寸，完成本次案例的制作，如图2-21所示。

图 2-20

图 2-21

2.3 素材的管理与操作

使用After Effects导入大量素材之后，为保证后期制作工作有序开展，还需要对素材进行一系列的管理和解释。

学习笔记

2.3.1　管理素材

在实际工作中，"项目"中通常会有大量的素材，为了便于管理，可以根据其类型和使用顺序对导入的素材进行一系列的管理操作，如排序素材、归纳素材和搜索素材。这样不仅可以快速查找素材，还能使其他制作人员明白素材的用途，在团队制作中起到了至关重要的作用。

1. 排序素材 ———————————————————————————————○

在"项目"面板中，素材的排列方式是以"名称""类型""大小""文件路径"等属性进行显示。如果用户需要改变素材的排列方式，则需要在素材的属性标签上单击，即可按照该属性进行升序排列，如图2-22和图2-23所示。

图 2-22　　　　　　　　　　　　　　　　图 2-23

2. 归纳素材 ———————————————————————————————○

归纳素材是通过创建文件夹，将不同类型的素材分别放置在相应文件夹中的方法，并按照划分类型归类素材。

在"项目"面板中右击，在弹出的快捷菜单中选择"新建文件夹"命令，或者单击"项目"面板底部的"新建文件夹"按钮，即可创建文件夹，如图2-24所示。为文件夹重新命名后，分门别类地将素材拖入文件夹，如图2-25所示。

图 2-24　　　　　　　　　　　　　　　　图 2-25

3. 搜索素材

当素材非常多时，如果想要快速找到需要的素材，只要在搜索框中输入相应的关键字，符合该关键字的素材或文件夹就会显示出来，其他素材将会自动隐藏。

2.3.2　解释素材

导入素材时，系统会默认根据源文件的帧速率、设置场来解释每个素材项目。若内部规则无法解释所导入的素材，或用户需要以不同的方式来使用素材，则需要通过设置解释规则来解释这些特殊需求的素材。

在"项目"面板中选择某个素材，直接单击"项目"面板底部的"解释素材"按钮，就会弹出"解释素材"对话框，如图2-26所示。利用该对话框可以对素材的Alpha通道、帧速率、开始时间码、场和Pulldown等重新进行解释。

图 2-26

1. 设置 Alpha 通道

如果素材带有Alpha通道，系统将会打开该对话框并自动识别Alpha通道。在Alpha选项组中主要包括以下几个选项。

（1）忽略：忽略Alpha通道的透明信息，透明部分以黑色填充代替。

（2）直通-无蒙版：将通道解释为直通型。

（3）预乘-无蒙版：将通道解释为预乘型，并可设置蒙版颜色。

（4）反转Alpha通道：可以反转透明区域和不透明区域。

（5）自动预测：让软件自动预测素材所带的通道类型。

2. 设置帧速率

帧速率是指定每秒从源素材项目对图像进行多少次采样，以及设置关键帧时所依据的时间划分方法等内容。在"帧速率"选项组中，主要包括下列两个选项。

（1）使用文件中的帧速率：可以使用素材默认的帧速率进行播放。

（2）匹配帧速率：可以手动调整素材的速率。

3. 设置开始时间码

设置素材的开始时间码。在"开始时间码"选项组中主要包括使用媒体开始时间码和替换开始时间码两个选项。

4. 设置场和Pulldown

After Effects可为DI和DV视频素材自动分离场，而对于其他素材则可以选择"高场优先""低场优先"或"关"选项来设置分离场，如图2-26所示。

学习笔记

5. 其他选项

（1）像素长宽比：主要用于设置像素宽高比。

（2）循环：设置视频循环次数，默认情况下只播放一次。

（3）更多选项：仅在素材为Camera Raw格式时被激活。

2.3.3 代理素材

代理是视频编辑中的重要概念与组成元素。在编辑影片的过程中，为了加快渲染显示，提高编辑速度，可以使用一个低质量的素材代替编辑。

占位符是一个静帧图片，以彩条方式显示，其原本的用途是标注丢失的素材文件。占位符会在以下两种情况下出现。

（1）不小心删除了硬盘中的素材文件，"项目"面板中的素材会自动替换为占位符，如图2-27所示。

（2）选择一个素材并右击，在弹出的快捷菜单中选择"替换素材"→"占位符"命令，也可以将素材替换为占位符，如图2-28所示。

图 2-27

图 2-28

课堂练习 **替换项目中的素材**

打开一个制作好的项目时，如果发现有素材丢失的情况，或者某个素材不符合自己的预期，可以选择对该素材进行替换。操作步骤如下。

步骤 01 启动After Effects程序，打开准备好的项目，系统弹出一个警告提示"1个文件丢失"，如图2-29所示。

步骤 02 单击"确定"按钮打开项目，按空格键预览动画，会看到丢失的文件是背景素材，如图2-30所示。

图 2-29

图 2-30

步骤 03 在"项目"面板中选择丢失的素材，右击并在弹出的快捷菜单中选择"替换素材"→"文件"命令，会弹出"替换素材文件"对话框，选择一个用于替换的素材图像，如图2-31和图2-32所示。

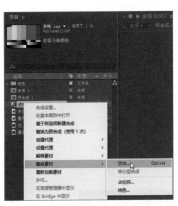

图 2-31

图 2-32

步骤 04 单击"导入"按钮即可替换素材，如图2-33所示。

步骤 05 选择替换的素材图层，按Ctrl+Shift+Alt+H组合键适配尺寸，最终效果如图2-34所示。

图 2-33

图 2-34

课堂练习 创建第一个项目文件

复杂的视频特效都是基于项目进行制作的，下面将通过本章所学的知识制作一个简单的项目文件，通过练习掌握合成的设置和素材的导入、编辑等操作。操作步骤如下。

步骤 01 启动After Effects程序，执行"文件"→"新建"→"新建项目"菜单命令，创建一个默认设置的空白项目，如图2-35所示。

图 2-35

步骤 02 在弹出的"项目"面板中右击，在弹出的快捷菜单中选择"导入"→"文件"命令或者按Ctrl+I组合键，打开"导入文件"对话框，这里选择准备好的素材文件，如图2-36和图2-37所示。

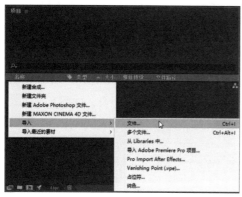

图 2-36   图 2-37

步骤 03 在"项目"面板的"水墨画"素材上右击，在弹出的快捷菜单中选择"基于所选项新建合成"命令，即可根据当前素材创建合成，并在"合成"面板看到水墨画效果，如图2-38至图2-40所示。

步骤 04 将其他素材拖入"时间轴"面板，并调整图层顺序，如图2-41所示。

图 2-38   图 2-39

图 2-40

图 2-41

步骤 05 在"合成"面板调整素材的大小及位置，最终效果如图2-42所示。

步骤 06 执行"文件"→"保存"菜单命令，打开"另存为"对话框，设置文件存储位置及文件名，单击"保存"按钮即可，如图2-43所示。

图 2-42

图 2-43

学 习 心 得

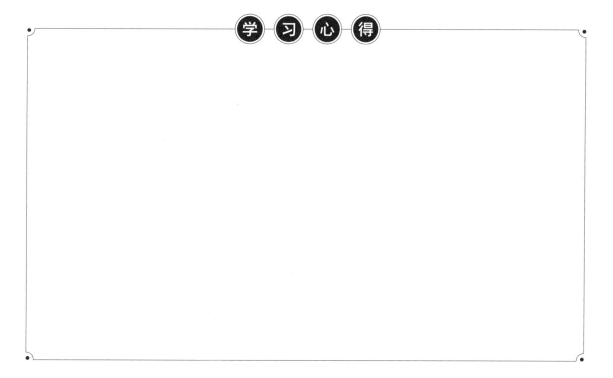

强化训练

1. 项目名称

　　导入PSD素材

2. 项目分析

　　使用After Effects软件也可以对PSD格式的文件作进一步编辑处理。用户可以选择将该布局保存，以便下次打开After Effects时直接应用。

3. 项目效果

　　使用Photoshop软件打开的文件和利用After Effects软件处理过后的效果对比如图2-44和图2-45所示。

图 2-44

图 2-45

4. 操作提示

　　①执行"文件"→"导入"→"文件"菜单命令，以"合成"种类导入准备好的PSD文件。

　　②为彩色素材图层添加"湍流置换"效果，并制作关键帧动画。

　　③利用"位置""不透明度"等图层基本属性为花叶图层制作移动变幻效果。

第**3**章

图层基础知识

内容导读

　　After Effects是一个层级式的影视后期处理软件，所以"层"的概念贯穿整个项目操作过程。图层是构成合成的基本元素，既可以存储类似Photoshop图层中的静止图片，又可以存储动态的视频。本章将会详细介绍After Effects图层的类型、属性、创建方法、混合模式以及图层的基本操作等内容。

要点难点

- 了解图层的概念
- 掌握图层的基本操作
- 熟悉图层混合模式的应用
- 熟悉关键帧动画的制作

3.1 图层概述 ///

After Effects引入了Photoshop中层的概念，不仅能够导入Photoshop产生的层文件，还可在合成中创建层文件。将素材导入合成中，素材会以合成中一个层的形式存在，将多个层进行叠加制作，以便得到最终的合成效果。

3.1.1 "时间轴"面板

在After Effects中，图层是学习After Effects的基础，无论是创作合成、动画还是特效处理等操作都离不开图层，因此制作动态影像的第一步就是真正了解和掌握"时间轴"面板。"时间轴"面板可以分为两大部分，即左边的图层控制区域和右边的时间线区域，并提供了一些针对图层和时间线的控制按钮，如图3-1所示。

图 3-1

下面介绍"时间轴"面板的常用工具。

（1）时间码 `0:00:00:10` ：用于显示合成中时间线所在的时间位置。单击该数字，可以输入精确的数字来定位时间线的位置，如输入"10.5"，则当前时间线会移动到0:00:10:05处。

（2）搜索 🔍 ：用于通过名称在"时间轴"面板中查找素材。

（3）合成微型流程图 ：单击该按钮，可以打开流程图窗口。

（4）草图3D ：该按钮用于控制是否显示草图3D功能。

（5）消隐开关 ：用于显示或隐藏"时间轴"面板中的图层。

（6）帧混合开关 ：该按钮用于控制是否在图像刷新时启用帧混合效果。

（7）动态模糊开关 ：该按钮可以控制是否在"合成"窗口中应用动态模糊效果。

（8）图表编辑器 ：单击该按钮可以快速切换"曲线编辑器"面板，以更方便地对关键帧进行操作。

1. 图层控制区域

图层控制区域由"A/V功能"、"标签"、#、"图层名称"、"注释"、"开关"、"模式"、"父级和链接"、"键"、"入"、"出"、"持续时间"、"伸缩"共13项组成，如图3-2所示。

图 3-2

用户可以自由选择隐藏或显示哪一列，在任意列的标题上单击鼠标右键，在弹出的快捷菜单中选择"列数"命令，即可在级联菜单中选择隐藏或显示任意列，如图3-3所示。

图 3-3

2. 时间线区域

用户可以在时间线区域进行定位时间线、管理关键帧、设置工作区域、缩放时间线区域视图、编辑图表编辑器等操作。

3.1.2　图层类型

使用After Effects制作画面特效合成时，它的直接操作对象就是图层，无论是创建合成、动画还是特效都离不开图层。After Effects除了可以导入视频、音频、图像、序列等素材，还可以创建不同类型的图层，包括文本、纯色、灯光、摄像机等。

1. 素材图层

素材图层是After Effects中最常见的图层，将图像、视频、音频等素材从外部导入到After Effects软件中，然后添加到"时间轴"面板，会自然形成图层，用户可以对其进行移动、缩放、旋转等操作，如图3-4所示。

2. 文本图层

使用文本图层可以快速地创建文字，并对文本图层制作文字动画，还可以进行移动、缩放、旋转及透明度的调节，如图3-5所示。

图 3-4

图 3-5

3. 纯色图层

在After Effects中，可以创建任何颜色和尺寸的纯色图层，纯色图层和其他素材图层一样，可以创建遮罩，也可以修改图层的变换属性，还可以添加特效。纯色图层主要用来制作影片中的蒙版效果，同时也可以作为承载编辑的图层，如图3-6所示。

图 3-6

4. 形状图层

形状图层可以制作多种矢量图形效果。在不选择任何图层的情况下，使用"遮罩"工具或"钢笔"工具直接在"合成"窗口中绘制形状，如图3-7所示。

图 3-7

5. Photoshop 图层

执行"图层"→"新建"→"Adobe Photoshop文件"菜单命令，也可以创建Photoshop文件，不过这个文件只是作为素材显示在"项目"面板，其文件的尺寸大小和最近打开的合成大小一致。

6. 灯光图层

灯光图层主要用来模拟不同种类的真实光源，而且可以模拟出真实的阴影效果，如图3-8所示。

图 3-8

7. 摄像机图层

摄像机图层常用来起到固定视角的作用，并且可以制作摄像机动画，模拟真实的摄像机游离效果。在创建摄像机图层之前，系统会弹出"摄像机设置"对话框，用户可以设置摄像机的名称、焦距等参数，如图3-9所示。在"图层"面板中也可以对摄像机参数进行设置，如图3-10所示。

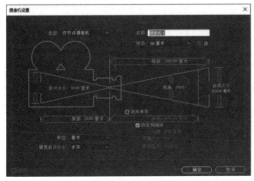

图 3-9

图 3-10

8. 空对象图层

空对象图层可以在素材上进行效果和动画设置，以及起到制作辅助动画的作用。

9. 调整图层

调整图层可以用来辅助影片素材进行色彩和效果调节，并且不影响素材本身。调整图层可以对该层下的所有图层起作用，如图3-11所示。

图 3-11

3.1.3 创建图层

在After Effects中用户可以通过以下两种方法创建图层。

1. 菜单栏命令

执行"图层"→"新建"菜单命令，在展开的子菜单中选择需要创建的图层类型，如图3-12所示。

图 3-12

2.右键菜单

在"时间轴"面板的空白处右击,在弹出的快捷菜单中选择"新建"命令,并在子菜单中选择所需图层类型,如图3-13所示。

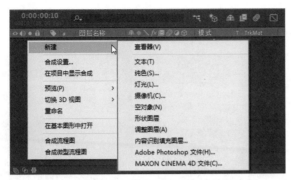

图 3-13

3.1.4 图层属性

在After Effects中,图层属性在制作动画特效时占据着非常重要的地位。除了单独的音频图层以外,其余所有图层都具有5个基本变换属性,分别是锚点、位置、缩放、旋转和不透明度。在"时间轴"面板单击"展开"按钮,即可编辑图层属性,如图3-14所示。

图 3-14

> **操作技巧**
>
> 当锚点位置发生偏移,需要将其居中时,可以按Ctrl+Alt+Home组合键快速居中锚点。

1.锚点

锚点是指图层的轴心点,用于控制图层的旋转或移动。图层的其他4个属性都是基于锚点来进行操作的。当进行移动、旋转或缩放操作时,不同位置的轴心点将得到完全不同的视觉效果,图3-15和图3-16所示为不同轴心点的旋转效果。

图 3-15

图 3-16

2. 位置

图层位置是指图层对象的位置坐标，主要用来制作图层的位移动画，普通的二维图层包括x轴和y轴两个参数，三维图层则包括x轴、y轴和z轴3个参数。用户可以使用横向的x轴和纵向的y轴精确地调整图层的位置，效果如图3-17和图3-18所示。

图 3-17

图 3-18

3. 缩放

缩放属性用于控制图层的缩放百分比，用户可以以轴心点为基准来改变图层的大小。在缩放图层时，用户可以开启图层缩放属性前的"锁定缩放"按钮，这样可以进行等比例缩放操作。设置素材的缩放效果如图3-19和图3-20所示。

图 3-19

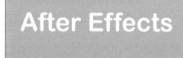

图 3-20

4. 旋转

图层的旋转属性不仅提供了用于定义图层对象角度的参数，还提供了用于制作旋转动画效果的旋转圈数参数。普通二维图层的旋转属性由"圈数"和"度数"两个参数组成，如1x+45°就表示旋转了1圈又45°（也就是405°）。

5. 不透明度

"不透明度"属性是以百分比的方式来调整图层的不透明度，从而设置图层的透明效果，用户可以透过上面的图层查看到下面图层对象的状态。设置素材不同透明度参数的效果如图3-21和图3-22所示。

图 3-21   图 3-22

课堂练习 · 制作双色卡通效果

本案例将利用纯色图层结合图层属性制作一个双色背景的卡通效果，具体操作步骤如下。

步骤01 新建项目，执行"合成"→"新建合成"菜单命令，打开"合成设置"对话框，设置项目尺寸为1280×720，"持续时间"为0:00:05:00，其余参数保持默认，如图3-23所示。

步骤02 单击"确定"按钮，创建"合成1"项目，如图3-24所示。

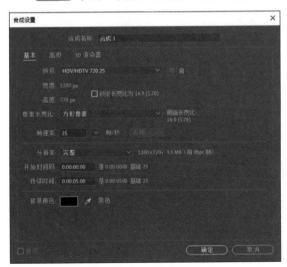

图 3-23   图 3-24

步骤03 在"时间轴"面板右击，在弹出的快捷菜单中选择"新建"→"纯色"命令，打开"纯色设置"对话框，再单击色块打开"纯色"对话框，调整为新的颜色，如图3-25和图3-26所示。

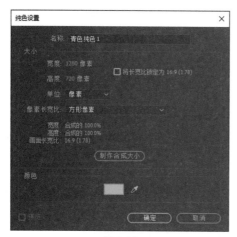

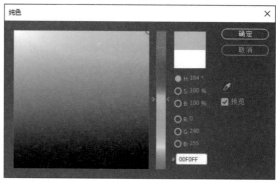

图 3-25 图 3-26

步骤 04 单击"确定"按钮依次关闭对话框，即可创建一个纯色图层，如图3-27所示。

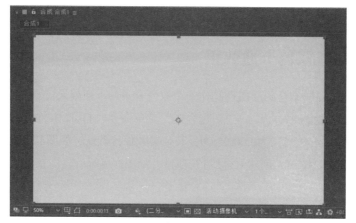

图 3-27

步骤 05 按照上述操作方法再创建一个橙色的纯色图层，如图3-28所示。

图 3-28

步骤 06 展开橙色图层的属性列表，设置"旋转"参数为"0x45°"，如图3-29所示。

图 3-29

步骤 07 设置后的效果如图3-30所示。

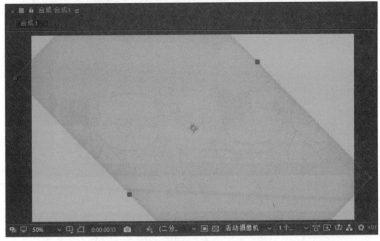

图 3-30

步骤 08 按键盘上的方向键调整橙色图层位置，如图3-31所示。

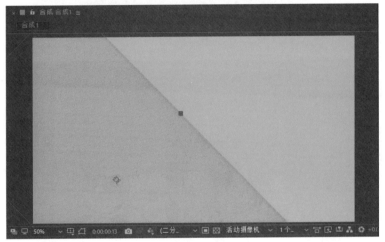

图 3-31

步骤 09 将准备好的猫咪素材图像拖曳至"项目"面板，再将其拖至"时间轴"面板，调整图层顺序，将猫咪图层调整至顶层，如图3-32所示。

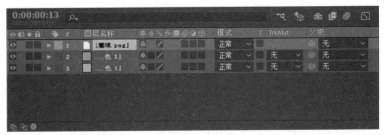

图 3-32

步骤 10 当前合成面板效果如图3-33所示。

步骤 11 展开猫咪图层的属性列表，设置缩放参数为68%，如图3-34所示。

步骤 12 调整后的"项目"面板如图3-35所示。

图 3-33

图 3-34

图 3-35

步骤 13 在"对齐"面板依次单击"水平对齐""底对齐"按钮，调整猫咪图像的位置，完成项目的制作，如图3-36所示。

图 3-36

3.2 图层的基本操作

利用图层功能，不仅可以放置各种类型的素材对象，还可以对图层进行一系列的操作，以查看和确定素材的播放时间、顺序和编辑情况，这些操作都需要在"时间轴"面板中进行操作。

3.2.1 选择图层

在对素材进行编辑之前，需要先将其选中，在After Effects中，用户可以通过多种方法选择图层。

（1）在"时间轴"面板中单击选择图层。

（2）在"合成"面板中单击想要选中的素材，在"时间轴"面板中可以看到其对应的图层已被选中。

（3）在键盘右侧的数字键盘中按图层对应的数字键，即可选中相对应的图层。

另外，用户还可以通过以下方法选择多个图层。

（1）在"时间轴"面板的空白处按住并拖动鼠标，框选图层。

（2）按住Ctrl键的同时，依次单击图层即可加选这些图层。

（3）单击选择起始图层，按住Shift键的同时再单击选择结束图层，即可选中起始图层和结束图层及其之间的图层。

3.2.2 重命名图层

图层创建完毕后，用户可对图层名称进行重命名操作，以便于查看。

（1）选择图层并右击，在弹出的快捷菜单中选择"重命名"命令。

（2）选择图层后，按Enter键，即可进入编辑模式，如图3-37所示。

图 3-37

3.2.3 序列图层

在After Effects中，可以使用序列图层功能，快速地衔接相应的视频片段。将素材直接拖曳到"时间轴"面板中。选中所有图层，执行"动画"→"关键帧辅助"→"序列图层"菜单命令，会弹出"序列图层"对话框，用户可以设置图层重叠持续时间，还可以选择过渡方式，如图3-38所示。使用"序列图层"命令后，图层会依次排列。

图 3-38

3.2.4　对齐图层

在After Effects中设置"对齐"面板可排列或均匀分隔所选图层，可以竖直或水平地对齐或分布图层，如图3-39所示。

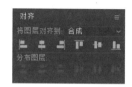

图 3-39

3.2.5　编辑图层

用户可以对图层进行编辑操作，如剪辑、扩展等，以便更好地表现素材效果。

1. 剪辑或扩展图层

图层的入点、出点和时间位置的设置是紧密联系的，调整出入点的位置就会改变时间位置。通过直接拖动或是按"Alt+["组合键和"Alt+]"组合键，都可以定义图层的出入点，图3-40和图3-41所示为使用"Alt+]"组合键前后的图层剪辑效果。

图 3-40

图 3-41

2. 提升或提取图层

在一段视频素材中，有时需要移除其中的某几个片段，这就需要用到"提升工作区域"和"提取工作区域"命令。这两个命令都具备移除部分镜头的功能，但也有一定的区别。

使用"提升工作区域"命令可以移除工作区域内被选择图层的帧画面，但是被选择图层所构成的总时间长度不变，中间会保留删除后的空隙，其前后对比如图3-42和图3-43所示。

图 3-42

图 3-43

使用"提取工作区域"命令可以移除工作区域内被选择图层的帧画面，被选择图层所构成的总时间长度会缩短，同时图层会被剪切成两段，后段的入点将自动连接到前段的出点，不会留下任何空隙，如图3-44所示。

图 3-44

3. 拆分图层

在After Effects中，可以通过"时间轴"面板将一个图层在指定的时间处拆分为多段独立的图层，以方便用户在图层中进行不同的处理。

在"时间轴"面板中，选择需要拆分的图层，将时间指示器移到需要拆分图层的位置，依次执行"编辑"→"拆分图层"菜单命令，即可对所选图层进行拆分，拆分前后对比效果如图3-45和图3-46所示。

图 3-45

图 3-46

3.3 图层混合模式

与Photoshop类似，After Effects对于图层模式的应用十分重要，图层之间可以通过图层模式来控制上层与下层的融合效果。After Effects的混合模式都是定义在图层上的，而不能定义到导入的素材上，也就是说，必须将一个素材置入到合成图像的"时间轴"面板中，才能定义它的混合模式。

3.3.1 普通模式组

在普通模式组中，主要包括"正常""溶解"和"动态抖动溶解"3种混合模式。在没有透明度影响的前提下，这种类型的混合模式产生最终效果的颜色不会受底层像素颜色的影响，除非底层像素的不透明度小于当前图层。

1. "正常"模式

"正常"模式是日常工作中最常用的图层混合模式。当不透明度为100%时，此混合模式将根据Alpha通道正常显示当前层，并且此层的显示不受其他层的影响；当不透明度小于100%时，当前层的每一个像素点的颜色都将受到其他层的影响，会根据当前的不透明度值和其他层的色彩来确定显示的颜色，图3-47所示为降低了图层透明度的效果。

2. "溶解"模式

该混合模式用于控制层与层之间的融合显示，对于有羽化边界的层会受到较大影响。如果当前层没有遮罩羽化边界，或者该层设定为完全不透明，则该模式几乎是不起作用的。所以，该混合模

式的最终效果将受到当前层Alpha通道的羽化程度和不透明度的影响。图3-48所示为在带有Alpha通道的图层上选择"溶解"模式后的效果。

图 3-47

图 3-48

3. 动态抖动溶解

该混合模式与"溶解"混合模式的原理类似，只不过"动态抖动溶解"模式可以随时更新值，而"溶解"模式的颗粒都是不变的。

3.3.2 变暗模式组

变暗模式组中的混合模式可以使图像的整体颜色变暗，主要包括"变暗""相乘""颜色加深""经典颜色加深""线性加深"和"较深的颜色"6种模式，其中"变暗"和"相乘"是使用频率较高的混合模式。

1. "变暗"模式

当选中该混合模式后，软件将会查看每个通道中的颜色信息，并选择基色或混合色中较暗的颜色作为结果色，即替换比混合色亮的像素，而比混合色暗的像素保持不变。图3-49所示为选择"变暗"模式后的效果。

图 3-49

② "相乘"模式

对于每个颜色通道，将源颜色通道值与基础颜色通道值相乘，再除以8-bpc像素、16-bpc像素或32-bpc像素（注：bpc表示每通道位数）的最大值，具体取决于项目的颜色深度。结果颜色绝不会比原始颜色明亮。如果任一输入颜色是黑色，则结果颜色是黑色。如果任一输入颜色是白色，则结果颜色是其他输入颜色。此混合模式模拟在纸上用多个记号笔绘图或将多个彩色透明滤光板置于光照前面。在与除黑色或白色之外的颜色混合时，具有此混合模式的每个图层或画笔将生成深色，如图3-50所示。

图 3-50

③ "颜色加深"模式

当选择该混合模式时，软件会查看每个通道中的颜色信息，并通过增加对比度使基色变暗以反映混合色。与白色混合不会发生变化，如图3-51所示。

图 3-51

学习笔记

4. "经典颜色加深" 模式 ───────────────────────

　　该混合模式其实就是After Effects 5.0以前版本中的"颜色加深"模式，为了让旧版的文件在新版软件中打开时保持原始状态，保留了这个旧版的"颜色加深"模式，并命名为"经典颜色加深"模式。

5. "线性加深" 模式 ───────────────────────

　　当选择该混合模式时，软件会查看每个通道中的颜色信息，并通过减小亮度使基色变暗以反映混合色。与白色混合不会发生变化，如图3-52所示。

图 3-52

6. "较深的颜色" 模式 ───────────────────────

　　每个结果像素是源颜色值和相应的基础颜色值中的较深颜色。"较深的颜色"类似于"变暗"，但是"较深的颜色"不对各个颜色通道执行操作，如图3-53所示。

图 3-53

3.3.3　添加模式组

　　添加模式组中的混合模式可以使当前图像中的黑色消失，从而使颜色变亮，包括"相加""变亮""屏幕""颜色减淡""经典颜色减淡""线性减淡"和"较浅的颜色"7种，其中"相加"和"屏幕"是使用频率较高的混合模式。

1. "相加"模式

当选择该混合模式时，会比较混合色和基色的所有通道值的总和，并显示通道值较小的颜色。"相加"混合模式不会产生第3种颜色，因为它是从基色和混合色中选择通道最小的颜色来创建结果色的。图3-54所示为使用"相加"模式的效果对比。

图 3-54

2. "变亮"模式

当选中该混合模式后，软件会查看每个通道中的颜色信息，并选择基色或混合色中较亮的颜色作为结果色，即替换比混合色暗的像素，而比混合色亮的像素保持不变，如图3-55所示。

图 3-55

3. "屏幕"模式

该混合模式是一种加色混合模式，具有将颜色相加的效果。由于黑色意味着RGB通道值为0，所以该模式与黑色混合没有任何效果，而与白色混合则得到RGB颜色的最大值白色，如图3-56所示。

图 3-56

4. "颜色减淡"模式

当选择该混合模式时，软件会查看每个通道中的颜色信息，并通过减小对比度使基色变亮以反映混合色，与黑色混合则不会发生变化，如图3-57所示。

图 3-57

5. "经典颜色减淡"模式

该混合模式其实就是After Effects 5.0以前版本中的"颜色减淡"模式，为了让旧版的文件在新版软件中打开时仍保持原始的状态，保留了这个旧版的"颜色减淡"模式，并命名为"经典颜色减淡"模式。

6. "线性减淡"模式

当选择该混合模式时，软件会查看每个通道中的颜色信息，并通过增加亮度使基色变亮以反映混合色，与黑色混合不会发生变化，如图3-58所示。

图 3-58

7. "较浅的颜色"模式

每个结果像素是源颜色值和相应的基础颜色值中的较亮颜色。"较浅的颜色"类似于"变亮"，但是"较浅的颜色"不对各个颜色通道执行操作，如图3-59所示。

学习笔记

图 3-59

3.3.4　相交模式组

相交模式组中的混合模式在进行混合时50%的灰色会完全消失，任何高于50%的区域都可能加亮下方的图像，而低于50%的灰色区域都可能使下方图像变暗，该模式组包括"叠加""柔光""强光""线性光""亮光""点光"和"纯色混合"7种混合模式，其中"叠加"和"柔光"两种模式的使用频率较高。

1. "叠加"模式

该混合模式可以根据底层的颜色，将当前层的像素相乘或覆盖。该模式可以导致当前层变亮或变暗。该模式对于中间色调影响较明显，对于高亮度区域和暗调区域影响不大。图3-60所示为应用"叠加"模式的效果对比。

图 3-60

2. "柔光"模式

该混合模式可以创造一种光线照射的效果，使亮度区域变得更亮，暗调区域变得更暗。如果混合色比50%灰色亮，则图像会变亮；如果混合色比50%灰色暗，则图像会变暗。柔光的效果取决于层的颜色，用纯黑色或纯白色作为层颜色时，会产生明显较暗或较亮的区域，但不会产生纯黑色或纯白色，如图3-61所示。

图 3-61

3. "强光"模式

该混合模式可以对颜色进行正片叠底或屏幕处理，具体效果取决于混合色。如果混合色比50%灰度亮，就是屏幕后的效果，此时图像会变亮；如果混合色比50%灰度暗，就是正片叠底效果，此时图像会变暗。使用纯黑色和纯白色绘画时会出现纯黑色和纯白色，如图3-62所示。

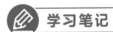

图 3-62

4. "线性光"模式

该混合模式可以通过减小或增加亮度来加深或减淡颜色，具体效果取决于混合色。如果混合色比50%灰度亮，则会通过增加亮度使图像变亮；如果混合色比50%灰度暗，则会通过减小亮度使图像变暗，如图3-63所示。

图 3-63

5. "亮光"模式

该混合模式可以通过减小或增加对比度来加深或减淡颜色,具体效果取决于混合色。如果混合色比50%灰度亮,则会通过增加对比度使图像变亮;如果混合色比50%灰度暗,则会通过减小对比度使图像变暗,如图3-64所示。

图 3-64

6. "点光"模式

该混合模式可以根据混合色替换颜色。如果混合色比50%灰度亮,则会替换比混合色暗的像素,而不改变比混合色亮的像素;如果混合色比50%灰度暗,则会替换比混合色亮的像素,而比混合色暗的像素保持不变,如图3-65所示。

图 3-65

7. "纯色混合"模式

当选中该混合模式后,会把混合颜色的红色、绿色和蓝色的通道值添加到基色的RGB值中。如果通道值的总和不小于255,则值为255;如果小于255,则值为0。因此,所有混合像素的红色、绿色和蓝色通道值不是0就是255,这会使所有像素都更改为原色,即红色、绿色、蓝色、青色、黄色、洋红色、白色或黑色,如图3-66所示。

图 3-66

3.3.5　反差模式组

反差模式组中的混合模式可以基于源颜色和基础颜色值之间的差异创建颜色，包括"差值""经典差值""排除""相减"和"相除"5种混合模式。

1. "差值"模式

当选中该混合模式后，软件会查看每个通道中的颜色信息，并从基色中减去混合色，或从混合色中减去基色，具体操作取决于哪个颜色的亮度值更大。与白色混合将反转基色值，与黑色混合则不产生变化。图3-67所示为选择"差值"模式后的效果。

图 3-67

2. "经典差值"模式

After Effects 5.0和更低版本中的"差值"模式已重命名为"经典差值"。使用它可保持与早期项目的兼容性，也可使用"差值"。

3. "排除"模式

当选中该混合模式后，将创建一种与"差值"模式相似但对比度更低的效果，与白色混合将反转基色值，与黑色混合则不会发生变化，如图3-68所示。

图 3-68

4. "相减" 模式

该模式从基础颜色中减去源颜色。如果源颜色是黑色，则结果颜色是基础颜色。在32-bpc项目中，结果颜色值可小于0，如图3-69所示。

图 3-69

5. "相除" 模式

该模式是基础颜色除以源颜色。如果源颜色是白色，则结果颜色是基础颜色。在32-bpc项目中，结果颜色值可以大于1.0，如图3-70所示。

图 3-70

3.3.6 颜色模式组

颜色模式组中的混合模式是将色相、饱和度和发光度三要素中的一种或两种应用在图像上，包括"色相""饱和度""颜色"和"发光度"4种。

1. "色相"模式

"色相"模式可以将当前图层的色相应用到底层图像的亮度和饱和度中，可以改变底层图像的色相，但不会影响其亮度和饱和度。对于黑色、白色和灰色区域，该模式将不起作用。图3-71所示为选择"色相"模式后的效果。

图 3-71

2. "饱和度"模式

当选中该模式后，将用基色的明亮度和色相以及混合色的饱和度创建结果色。在灰色区域将不会发生变化，如图3-72所示。

图 3-72

3. "颜色"模式

当选中该混合模式后，将用基色的明亮度以及混合色的色相和饱和度创建结果色，这样可以保留图像中的灰阶，并且对于给单色图像上色或给彩色图像着色都会非常有用，如图3-73所示。

图 3-73

4. "发光度"模式

当选中该混合模式后,将用基色的色相和饱和度以及混合色的明亮度创建结果色,此混合色可以创建与"颜色"模式相反的效果,如图3-74所示。

图 3-74

3.3.7 Alpha模式组

Alpha模式组中的混合模式是After Effects特有的混合模式,它将两个重叠中不相交的部分保留,使相交的部分透明化,包括"模板Alpha""模板亮度""轮廓Alpha""轮廓亮度""Alpha添加"和"冷光预乘"6种。

1. "模板 Alpha"模式

当选中该混合模式时,将依据上层的Alpha通道显示以下所有层的图像,相当于依据上面层的Alpha通道进行剪影处理,如图3-75所示。

2. "模板亮度"模式

选中该混合模式时,将依据上层图像的明度信息来决定以下所有层的图像的不透明度信息。亮的区域会完全显示下面的所有图层;

暗的区域和没有像素的区域则完全不显示以下所有图层；灰色区域将依据其灰度值决定下面图层的不透明程度，如图3-76所示。

图 3-75

图 3-76

3. "轮廓 Alpha" 模式

　　该模式可以通过当前图层的Alpha通道来影响底层图像，使受影响的区域被剪切掉，得到的效果与"模板Alpha"混合模式的效果正好相反，如图3-77所示。

图 3-77

在图层边对边对齐时，图层之间有时会出现接缝，尤其是在边缘处相互连接以生成3D对象的3D图层的问题。在图层边缘消除锯齿时，边缘具有部分透明度。在两个50%透明区域重叠时，结果不是100%不透明，而是75%不透明，因为默认操作是乘法。

但是，在某些情况下不需要此默认混合。如果需要两个50%不透明区域组合以进行无缝不透明连接，需要添加Alpha值，在这类情况下，可使用"Alpha添加"混合模式。

4. "轮廓亮度"模式

选中该混合模式时，得到的效果与"模板亮度"混合模式的效果正好相反，如图3-78所示。

图 3-78

"Alpha添加"和"冷光预乘"混合模式将在下面介绍。

3.3.8 共享模式组

在共享模式中，主要包括"Alpha添加"和"冷光预乘"两种混合模式。这两种类型的混合模式都可以使底层与当前图层的Alpha通道或透明区域像素产生相互作用。

1. "Alpha 添加"模式

通常合成图层，但添加色彩互补的Alpha通道来创建无缝的透明区域。用于从两个相互反转的Alpha通道或从两个接触的动画图层的Alpha通道边缘删除可见边缘。

2. "冷光预乘"模式

在合成之后，通过将超Alpha通道值的颜色值添加到合成中来防止修剪这些颜色值。用于使用预乘Alpha通道从素材合成渲染镜头或光照效果（如镜头光晕）。在应用此模式时，可以通过将预乘Alpha源素材的解释更改为直接Alpha来获得最佳结果。

课堂练习 制作透明文字效果

本案例将利用所学的文字知识制作文字在画面上的透明效果，具体操作步骤如下。

步骤01 新建项目，将准备好的素材导入"项目"面板，选择素材并右击，在弹出的快捷菜单中选择"基于所选项新建合成"命令，即可创建合成，如图3-79～图3-81所示。

步骤02 选择图层，按Ctrl+D组合键复制图层，如图3-82所示。

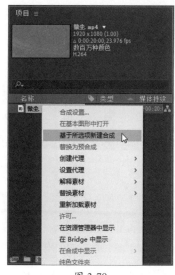

图 3-79

图 3-80

图 3-81

图 3-82

步骤 03 右击上层的图层，在弹出的快捷菜单中选择"重命名"命令，修改图层名称为"透明"，如图3-83和图3-84所示。

图 3-83

图 3-84

步骤 04 执行"图层"→"新建"→"文本"菜单命令，新建文本图层，输入内容并调整文本属性，在"对齐"面板中依次单击"居中对齐"和"水平对齐"按钮调整文本位置，如图3-85所示。

图 3-85

步骤 05 设置"透明"图层的混合模式为"相加",再设置"轨道遮罩"属性为"亮度",如图3-86所示。

步骤 06 当前的合成效果如图3-87所示。

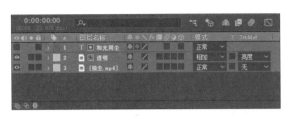

图 3-86　　　　　　　　　　　　　　　　　　图 3-87

步骤 07 打开图层属性列表,设置"不透明度"属性为40%,如图3-88所示。

步骤 08 按空格键播放视频,其效果如图3-89所示。

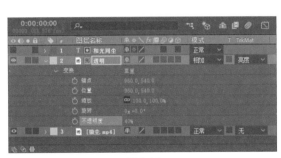

图 3-88　　　　　　　　　　　　　　　　　　图 3-89

学 习 心 得

强化训练

1. 项目名称

制作简单的电子相册

2. 项目分析

图层的出、入点决定了素材的展示时长，通过调整"时间轴"面板中图层的出点和入点，再按梯形顺序排列，结合纯色图层可以制作出简单的图像切换效果。

3. 项目效果

通过调整图层出、入点和图层顺序制作电子相册，"时间轴"面板布局如图3-90和图3-91所示。

图 3-90

图 3-91

4. 操作提示

①将准备好的素材拖入"时间轴"面板。

②创建黑色的纯色图层，调整时长为2s，复制纯色图层，隔一个素材图层放置一个纯色图层。

③按照每隔10s的距离调整素材的入点。

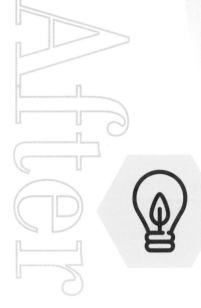

第4章

关键帧与表达式

内容导读

　　一段视频是由一张张相互关联的画面组成的，每幅画面就是一帧，在使用After Effects制作动画时，关键帧就是令画面动起来的重要因素。这些画面相互联系又相互区别，这样若干个画面以一定的速度连接起来按顺序播放，就形成了视频。表达式可以将一些复杂的动作简单化，从而达到想要表达的效果，会使工作流程更加高效。本章主要介绍关键帧的分类、创建和编辑操作，以及表达式的语法、创建方法和常用的一些表达式类型。

要点难点

● 了解关键帧类型
● 掌握关键帧的创建与编辑
● 熟悉图表编辑器
● 了解表达式的语法和创建
● 掌握常用表达式

4.1 关键帧的基本操作 ////////////////////////

"帧"指动画中的单幅影像画面，是最小的计量单位，相当于电影胶片中的每一格镜头。关键帧则是指动画上关键的时刻，至少有两个关键时刻才能构成动画。用户可以通过设置动作、效果、音频以及多种其他属性的参数来使画面形成连贯的动画效果。

4.1.1 关键帧的类型

关键帧是后期制作中经常遇到的计算机动画术语，每一种软件都会有不同的关键帧类型，不同的关键帧类型可以完成不同的动画效果，如图4-1所示。After Effects中有多种类型的关键帧，其作用也各不相同。下面对各个类型关键帧的含义进行介绍。

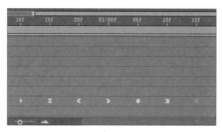

图 4-1

（1）菱形关键帧▦：该类型是最基本、最常用的关键帧。

（2）缓入缓出关键帧▦：该类型关键帧能够使动画运动变得平滑。按F9键可以开启。

（3）箭头关键帧▦：与缓入缓出关键帧类似，但只是实现动画的一段平滑，包括入点平滑关键帧和出点平滑关键帧。

（4）圆形关键帧▦：该类型属于平滑类关键帧，可以使动画曲线变得平滑可控。

（5）正方形关键帧▦：该类型可以在一个文字图层改变多个文字源以实现不同的多个图层制作出不一样的文字变换的效果，常用于文字变换动画。在文字层的来源文字选项上添加关键帧就是为文字更改类型。

4.1.2 创建关键帧

关键帧的创建是在"时间轴"面板中进行的，创建关键帧就是对图层的属性值设置动画。在"时间轴"面板中，每个图层都有自己的属性，展开属性列表后会发现，每个属性左侧都会有个"时间变化秒表"图标◉，它是关键帧的控制器，控制着记录关键帧的变化，也是设定动画关键帧的关键。

单击"时间变化秒表"图标，即可激活关键帧，从这时开始，无论是修改属性参数还是在合成窗口中修改图像对象，都会被记录成关键帧。再次单击"时间变化秒表"图标，会移除所有关键帧。

单击属性左侧的"在当前时间添加或移除关键帧"图标 ◆ ，可以添加新的关键帧，且会在时间线区域显示成 ■ （关键帧）图标，如图4-2所示。

图 4-2

4.1.3　编辑关键帧

创建关键帧后，用户可以根据需要对其进行选择、复制、移动、删除等编辑操作。

1. 选择关键帧

如果要选择关键帧，直接在"时间轴"面板单击 ■ （关键帧）图标即可。如果要选择多个关键帧，按住Shift键的同时框选或者单击多个关键帧即可。

2. 复制关键帧

如果要复制关键帧，可以选择要复制的关键帧，执行"编辑"→"复制"菜单命令，将时间线移动只需要被复制的位置，再执行"编辑"→"粘贴"菜单命令即可；也可按Ctrl+C和Ctrl+V组合键来进行复制和粘贴操作。

3. 移动关键帧

单击并按住关键帧，拖动鼠标即可移动关键帧。

4. 删除关键帧

选择关键帧，执行"编辑"→"清除"菜单命令即可将其删除；也可直接按Delete键删除。

4.1.4　图表编辑器

用户设置了关键帧后，After Effects会自动在关键帧之间插入中间过渡值，该值被称为插值，用于形成连续的动画。

关键帧之间的运动和变化形式有很多种，可以是匀速运动，也可以是时快时慢的变速运动。图表编辑器可以任意制作运动动画，在编辑动画的过程中，使用图表编辑器可以编辑带有运动缓冲的画

🔍 知识拓展

关键帧的快捷键是U，当用户需要为素材添加关键帧时，按键盘中的U键即可快速创建关键帧。

面，比较接近现实中的运动效果。

在"时间轴"面板单击█（图表编辑器）按钮，即可打开图表
编辑器，如图4-3所示。

图 4-3

课堂练习 / 制作旋转动画

本案例将利用"旋转"属性创建图形旋转动画，具体操作步骤如下。

步骤 01 新建项目，再新建合成，打开"合成设置"对话框选择"预设"模式为"HDTV 1080
29.97"，设置"持续时间"为10s，如图4-4所示。

步骤 02 执行"图层"→"新建"→"纯色"菜单命令，打开"纯色设置"对话框，设置图层尺
寸为30×800，图层"颜色"为白色，如图4-5所示。

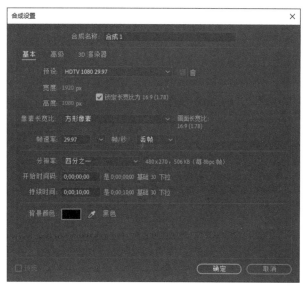

图 4-4

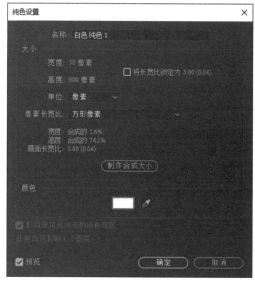

图 4-5

步骤 03 "合成"面板的效果如图4-6所示。

步骤 04 按Ctrl+D组合键复制两个纯色图层，全选3个图层，按快捷键R打开图层的"旋转"属
性，分别进行设置，如图4-7所示。

第4章 ● 关键帧与表达式

图 4-6 图 4-7

步骤 05 当前效果如图4-8所示。

步骤 06 选择3个图层并右击,在弹出的快捷菜单中选择"预合成"命令,设置合成名称为"预合成1",创建嵌套图层,如图4-9所示。

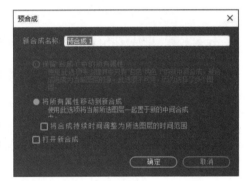

图 4-8 图 4-9

步骤 07 选择预合成图层,按快捷键R打开"旋转"属性,移动时间线到起点位置,为"旋转"属性创建第一个关键帧,如图4-10所示。

图 4-10

步骤 08 再将时间线移动至结束位置,创建第二个关键帧,并调整"旋转"属性参数,如图4-11所示。

图 4-11

步骤 09 按空格键播放动画，可以看到旋转动画效果。

步骤 10 为预合成图层开启"运动模糊"模式，如图4-12所示。

步骤 11 再按空格键播放动画，就会看到图形旋转时的残影效果，如图4-13所示。

图 4-12

图 4-13

课堂练习　制作文字掉落动画

　　复杂的视频特效都是基于项目进行制作的，下面通过本章所学的知识制作一个简单的项目文件，通过这一练习掌握合成的设置和素材的导入、编辑等操作。操作步骤如下。

步骤 01 新建项目，再新建合成，打开"合成设置"对话框，选择"预设"模式为"HDTV 1080 29.97"，设置"持续时间"为15s，如图4-14所示。

步骤 02 执行"图层"→"新建"→"图层"菜单命令，设置图层颜色为深灰色，如图4-15所示。

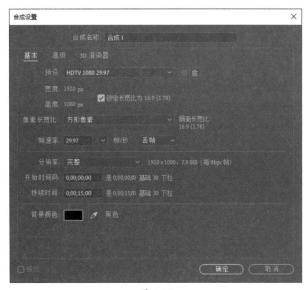

图 4-14

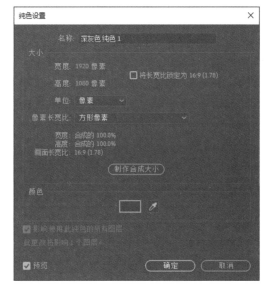

图 4-15

步骤 03 再新建一个白色的纯色图层，设置图层尺寸为1920×540，如图4-16所示。

步骤 04 将白色图层置于图层顶部，并在"对齐"面板中单击"底对齐"按钮，效果如图4-17所示。

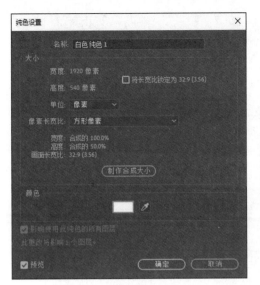

图 4-16

图 4-17

步骤 05 为白色的纯色图层添加"梯度渐变"效果，设置"起始颜色"为深灰色，如图4-18所示。

步骤 06 "合成"面板中的效果如图4-19所示。

图 4-18

图 4-19

步骤 07 执行"图层"→"新建"→"文本"菜单命令，创建多个文本对象，并调整参数和位置，如图4-20所示。

图 4-20

步骤 08 展开图层B的属性列表，将时间线移动至开始处，为"位置"属性和"旋转"属性创建多个关键帧，属性设置如图4-21至图4-25所示。

79

图 4-21

图 4-22

图 4-23

图 4-24

图 4-25

步骤09 按空格键播放动画，可以看到字母B向下掉落的动画效果，如图4-26所示。

图 4-26

步骤10 展开图层O的属性列表，将时间线移动至0:00:02:00处，继续为"位置"和"旋转"两个属性创建关键帧，并分别调整属性参数，如图4-27至图4-32所示。

图 4-27

图 4-28

图 4-29

图 4-30

图 4-31

图 4-32

步骤 11 按空格键播放动画，可以看到文字O掉落的动画效果，如图4-33和图4-34所示。

图 4-33

图 4-34

步骤 12 选择图层T，展开图层属性列表，调整"锚点"和"位置"属性，使锚点位于文字的底部，如图4-35和图4-36所示。

图 4-35   图 4-36

步骤 13 移动时间线至0:00:04:15处，为"位置"属性和"旋转"属性分别创建关键帧，并调整属性参数，如图4-37至图4-41所示。

图 4-37

图 4-38

图 4-39

图 4-40

图 4-41

步骤 14 最后再按空格键播放动画效果，如图4-42和图4-43所示。

图 4-42

图 4-43

4.2 表达式

表达式是After Effects内部基于JavaScript编程语言开发的编辑工具，通过程序语言来实现界面中一些无法执行的命令，或者通过语法将大量重复的操作简化。

4.2.1 表达式语法

操作技巧

如果表达式输入有错误，After Effects将会显示黄色的警告图标提示错误，并取消该表达式操作。单击警告图标，可以查看错误信息。

After Effects中的表达式具有类似于其他程序设计的语法，只要遵循这些语法规则，就可以创建正确的表达式。

一般的表达式形式如：

```
thisComp.layer("Story medal").transform.scale=transform.scale+
time*10
```

（1）全局属性"thisComp"：用来说明表达式所应用的最高层级，可理解为合成。

（2）层级标识符号"."：为属性连接符号，该符号前面为上位层级，后面为下位层级。

（3）layer("")：定义层的名称，必须在括号内加引号。

上述表达式的含义：这个合成的Story medal层中的变换选项下的"缩放"数值，随着时间的增长成10倍缩放。

此外，还可以为表达式添加注释。在注释句前加"//"符号，表示在同一行中任何处于"//"后的语句都被认为是表达式注释语句。

4.2.2　创建表达式

表达式最简单直接的创建方法就是在图层的属性选项中创建。

以"缩放"属性为例，按住Alt键单击"缩放"属性左侧的"时间秒表变化"图标，即可开启表达式，在时间线区域会出现输入框，在这里输入正确的表达式即可，如图4-44所示。

图 4-44

开启表达式后，属性参数栏会出现4个表达式工具。

（1）启用表达式█：可以控制打开或关闭表达式。当开启表达式时，相关属性参数将会显示为红色。

（2）表达式图表█：定义表达式的动画曲线，并激活图形编辑器，用于查看表达式数据变化曲线。

（3）拉索工具█：单击该图标并拖动，会扯出一条虚线，将其连接到其他属性上可以创建表达式，建立关联性动画，如图4-45所示。

图 4-45

（4）表达式语言菜单：单击该按钮可以调出After Effects内置的表达式函数命令，并根据需要选择相关表达式语言。

After Effects中不同属性的参数也不同，根据较为常用的属性可以将其分为数值、数组、布尔值3种形式。

（1）数值和数组：这是最常用的两种形式。像"锚点""位置""缩放"等属性由两个数据来调节，这种数据类型叫做数组；由一个数据来调节的数据类型叫做数值。

（2）布尔值：主要起到开关作用，包括true和false两个值。true

代表"真"，false代表"假"；也可以用0代表"假"，用1代表"真"。

4.2.3　常用表达式

表达式能够帮助用户快速地制作出一些效果，避免重复操作。新手用户在了解表达式规则的前提下，可以掌握一些常用表达式的命令，同样可以制作出炫酷的效果。

1. 抖动 / 摆动表达式

抖动/摆动表达式可直接在现有属性上运行，其完整的表达式内容为"wiggle(freq,amp,octaves=1,amp_mult=0.5,t=time)"，一般只写前两个数值，如wiggle(20,30)表示图层每秒抖动20次、每次随机波动幅度为30。

2. 时间

time随着时间线的变化，其数值也在变化，每一秒将变化一个单位，可以制作一些随着时间变化的动画。比如，为"旋转"属性输入表达式time*45，表示每秒旋转45°。

3. 挤压与伸展

挤压与伸展表达式的效果表现出类似果冻一弹一弹。按住Alt键单击属性的"时间变化秒表"按钮，将下面的表达式粘贴到输入框即可，参数可根据需要进行调整：

```
spd=20;maxDev=10;
decay=1;
t=time-inPoint;
offset=maxDev*Math.sin(t*spd)/Math.exp(t*decay);
scaleX=scale[0]+offset;scaleY=scale[1]-offset;
[scaleX,scaleY]
```

4. 运动拖尾

运动拖尾表达式可以制作出残影般的拖尾效果。先为图层对象创建运动动画，按住Alt键单击"时间变化秒表"按钮，输入下面的表达式，再复制图层即可：

```
delay = 0.5;
d = delay*thisComp.frameDuration*(index - 1);
thisComp.layer(1).position.valueAtTime(time - d);
```

如果还想要实现拖尾的不透明度变化效果，可以为"不透明度"属性添加以下表达式：

```
opacityFactor =.80;
Math.pow(opacityFactor,index - 1)*100
```

5. 计时 / 倒计时

创建一个文本图层，然后为"源文本"属性添加以下表达式即可制作出一个以合成长度为标准的计时动画：

```
//Define time values
var hour = Math.floor((time/60)/60);
var min = Math.floor(time/60);
var sec = Math.floor(time);
var mili = Math.floor(time*60);
// Cleaning up the values
if(mili>59){mili =mili-sec*60;}
if(mili<10){mili='0'mili;}
if(sec>59){sec=sec-min*60;}
if(sec<10){sec='0'sec;}
if(min>=59){min=min-hour*60;}
if(min<10){min='0'min;}
//no hour cleanup
if(hour<10){hour='0'hour;}
//Output
hour':'min':'sec':'mili;
```

如果想要制作倒计时效果，可以先将文本图层创建预合成，然后执行"图层"→"时间"→"时间反向图层"菜单命令即可。

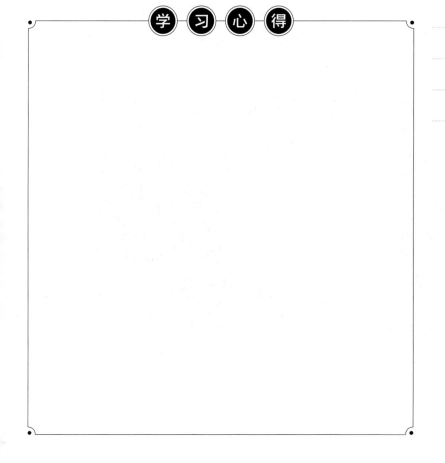

强化训练

1. 项目名称

制作时钟动画

2. 项目分析

使用时间变量可以制作出随时间变化的动画效果，利用该特性可以结合形状图层制作出指针转动的时钟动画。

3. 项目效果

表达式的输入和动画效果如图4-46和图4-47所示。

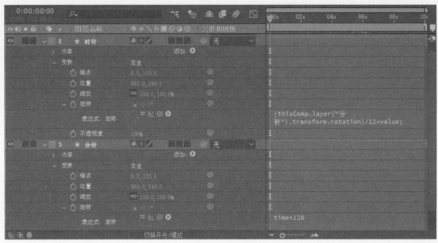

图 4-46

图 4-47

4. 操作提示

①利用图形工具制作出时钟的表盘、刻度和指针。

②将时针的"旋转"属性连接到分针的"旋转"属性，并分别创建表达式。

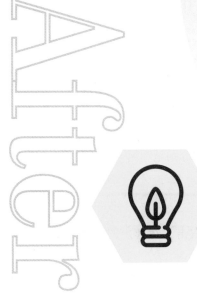

第5章

文字动画

内容导读

在影视片头中，文字的出现频率是很高的，不仅丰富了视频画面，也更明确地表达了视频的主题。如何使平淡的文字以不平淡的方式出场，这是后期处理中经常遇到的问题。由此可见，文字在后期视频特效制作中的重要位置。After Effects中的文字并不能具有很强的立体感，但是文字的运动可以产生更加绚丽的效果。本章将详细介绍文字特效在不同类型的视频中的创建和使用。

要点难点

- 掌握文字的创建与编辑
- 掌握文字属性的设置
- 熟悉文本动画控制器的应用
- 了解表达式

5.1 文字的创建与编辑 /////////////////////

After Effects提供了较完整的文字功能，与Photoshop中的文本相似，可以对文字进行较为专业的处理。除了可以通过"横排文字工具"和"直排文字工具"输入文字外，还能够对文字属性进行修改。

5.1.1 创建文字

用户创建文字通常有3种方式，分别是利用文本图层、文本工具或文本框进行创建。

1. 从"时间轴"面板创建

在"时间轴"面板的空白处右击，在弹出的快捷菜单中选择"新建"→"文本"命令，如图5-1所示。

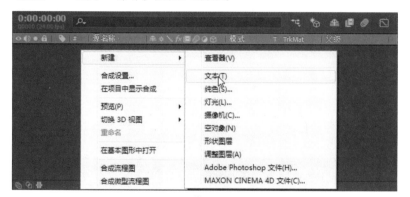

图 5-1

2. 利用文本工具创建

在工具栏中选择"横排文字工具"或"直排文字工具"，在"合成"面板单击"确定"按钮指定输入点，输入文字内容即可，如图5-2和图5-3所示。

图 5-2

图 5-3

3. 利用文本框创建

在工具栏单击"横排文字工具"或"直排文字工具"，然后在"合成"面板单击并按住鼠标左键，拖动鼠标绘制一个矩形文本框。输入文字后按Enter键即可创建文字，如图5-4和图5-5所示。

图 5-4

图 5-5

5.1.2　编辑文字

在创建文本之后，可以根据视频的整体布局和设计风格对文字进行适当调整，包括字体大小、填充颜色及对齐方式等。

1. 设置字符格式

在选择文字后，可以在"字符"面板中对文字的字体系列、字体大小、填充颜色和是否描边等进行设置。执行"窗口"→"字符"菜单命令或按Ctrl+6组合键，即可调出或关闭"字符"面板，用户可以对字体、字高、颜色、字符间距等属性值做出更改，如图5-6所示。

图 5-6

该面板中各选项含义如下。

（1）字体系列：在下拉列表框中可以选择所需应用的字体类型，如图5-7所示。

（2）字体样式：在设置字体后，有些字体还可以对其样式进行选择，如图5-8所示。

图 5-7

图 5-8

学习笔记

（3）吸管 ：可在整个After Effects工作面板中吸取颜色。

（4）设置为黑色/白色 ：设置字体为黑色或白色。

（5）填充颜色：单击"填充颜色"色块，会打开"文本颜色"对话框，可以在该对话框中设置合适的文字颜色，如图5-9所示。

图 5-9

（6）描边颜色：单击"描边颜色"色块，会打开"文本颜色"对话框，可以设置合适的文字描边颜色。

（7）字体大小 ：可以在下拉列表框中选择预设的字体大小，也可以在数值处按住鼠标左键左右拖动改变数值大小，在数值处单击可以直接输入数值。

（8）行距 ：用于段落文字，设置行距数值可以调节行与行之间的距离。

（9）两个字符间的字偶间距 ：设置光标左右字符之间的间距。

（10）所选字符的字符间距 ：设置所选字符之间的间距。

2. 设置段落格式

在选择文字后，可以在"段落"面板中对文字的段落方式进行设置。执行"窗口"→"段落"菜单命令，即可调出或关闭"段落"

面板，用户可以对文字的对齐方式、段落格式和文本对齐方式等参数进行设置，如图5-10所示。

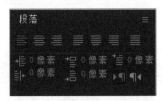

图 5-10

"段落"面板中包含7种对齐方式，分别是左对齐、居中对齐、右对齐、最后一行左对齐、最后一行居中对齐、最后一行右对齐、两端对齐。另外，还包括缩进左边距、缩进右边距和首行缩进3种段落缩进方式，以及段前添加空格和段后添加空格两种设置边距方式。

5.2　文字属性的设置

After Effects中的文字是一个单独的图层，包括"变换"和"文本"属性。通过设置这些基本属性，不仅可以增加文本的实用性和美观性，还可以为文本创建最基础的动画效果。

5.2.1　设置基本属性

在"时间线"面板中展开文本图层中的"文本"选项组，可通过其"来源文字""路径选项"等子属性来更改文本的基本属性，如图5-11所示。

图 5-11

"源文字"属性主要用于设置文字在不同时间段的显示效果。单击"时间秒表变化"图标即可创建第一个关键帧，在下一个时间点创建第二个关键帧，然后更改"合成"面板中的文字，即可实现文字内容切换效果。

"更多选项"属性组中的子选项与"文字"面板中的选项具有相同的功能，并且有些选项还可以控制"文字"面板中的选项设置。

5.2.2　设置路径属性

文本图层中的"路径选项"属性组是沿路径对文本进行动画制作的一种简单方式。不仅可以指定文本的路径，还可以改变各个字符在路径上的显示方式，如图5-12所示。

图 5-12

学习笔记

属性组中各选项含义如下。

（1）路径：单击其后下拉按钮选择文本跟随的路径。

（2）反转路径：设置是否反转路径。

（3）垂直于路径：设置文字是否垂直于路径。

（4）强制对齐：设置文字与路径首尾是否对齐。

（5）首字边距：设置首字的边距大小。

（6）末字边距：设置末字的边距大小。

创建文字和路径后，在"时间轴"面板中以"蒙版"命名，在"路径"属性右侧的下拉列表框中选择"蒙版"，则文字会自动沿路径分布，如图5-13和图5-14所示。

图 5-13

图 5-14

5.3　文本动画控制器

新建文字动画时，将会在文本层建立一个动画控制器，用户可以通过控制各种选项参数，制作各种各样的运动效果，如制作滚动字幕、旋转文字效果、放大缩小文字效果等。

执行"动画"→"添加动画"菜单命令，用户可以在级联菜单中选择动画效果。也可以单击"动画"按钮或"添加"按钮，在打开的列表中选择动画效果，如图5-15所示。

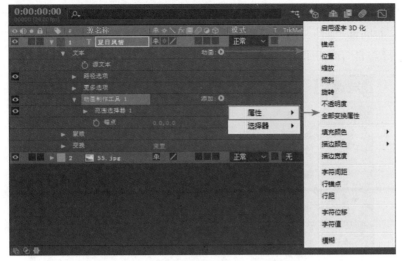

图 5-15

各选项说明如下。

（1）启用逐字3D化：将文字逐字开启三维图层模式。

（2）锚点：制作文字中心定位点变换的动画。

（3）位置：调整文本的位置。

（4）缩放：对文字进行放大或缩小等设置。

（5）倾斜：设置文本倾斜程度。

（6）旋转：设置文本旋转角度。

（7）不透明度：设置文本透明度。

（8）全部变换属性：将所有属性都添加到范围选择器中。

（9）填充颜色：设置文字的填充颜色：

（10）描边颜色：设置文字的描边颜色。

（11）描边宽度：设置文字描边粗细。

（12）字符间距：设置文字之间的距离。

（13）行锚点：设置文本的对齐方式。

（14）行距：设置段落文字行与行之间的距离。

（15）字符位移：按照统一的字符编码标准对文字进行位移。

（16）字符值：按照统一的字符编码标准，统一替换设置字符值所代表的字符。

（17）模糊：对文字进行模糊效果的处理，其中包括垂直和水平两种模式。

5.3.1　变换类控制器

应用变换类控制器可以控制文本动画的变形，如倾斜、位移、缩放、不透明度等，与文字图层的基本属性有些类似，但是可操作性更为广泛。

变换类控制器可以控制文本动画的变形，如倾斜、位移等。在"时间轴"面板中单击"动画"按钮，即可在展开的下拉列表框中选择需要的动画属性，并添加到控制器中，如图5-16所示。

图 5-16

5.3.2 范围控制器

当添加一个特效类控制器时，均会在"动画"属性组添加一个"范围控制器"选项，在该选项的特效基础上，可以制作出各种各样的运动效果，这是非常重要的文本动画制作工具。

在为文本图层添加动画效果后，单击其属性右侧的"添加"按钮，依次选择"选择器"→"范围"选项，即可显示"范围选择器1"属性组，如图5-17所示。根据其属性的具体功能，可划分为基础选项和高级选项。

图 5-17

5.3.3 摆动控制器

摆动控制器可以控制文本的抖动，配合关键帧动画可制作出更加复杂的动画效果。单击"添加"按钮，选择"选择器"→"摆动"选项，即可显示"摆动选择器1"属性组，如图5-18所示。

图 5-18

课堂练习 | 制作文字模糊动画

本案例将利用所学的文字知识制作闪动的文字动画，具体操作步骤如下。

步骤 01 新建项目，再新建合成，在弹出的"合成设置"对话框中设置"预设"类型为"HDTV 1080 29.97"，设置"持续时间"为0:00:05:00，如图5-19所示。单击"确定"按钮，创建合成。

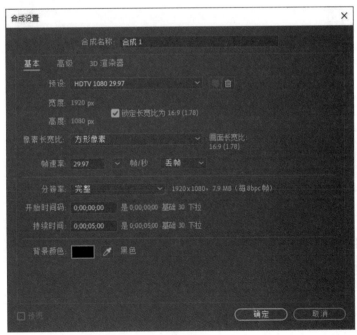

图 5-19

步骤 02 执行"图层"→"新建"→"纯色"菜单命令，依次打开"纯色"对话框和"纯色设置"对话框，设置图层颜色，如图5-20和图5-21所示。

图 5-20   图 5-21

步骤 03 单击"确定"按钮即可创建图层，如图5-22所示。

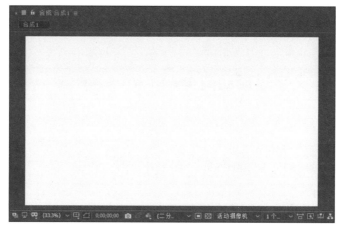

图 5-22

步骤 04 单击横排文字工具，在"字符"面板设置字体、大小、颜色、字符间距等参数，在"合成"面板单击并输入文字内容，如图5-23和图5-24所示。

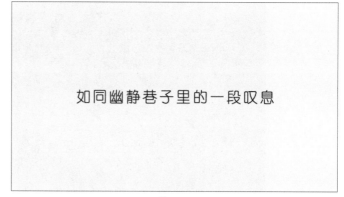

图 5-23   图 5-24

步骤 05 在"时间轴"面板展开文本图层的属性列表，单击"动画"按钮，选择添加"模糊"动画属性，如图5-25所示。

步骤 06 系统会为文本图层添加一个范围选择器和"模糊"动画属性，如图5-26所示。

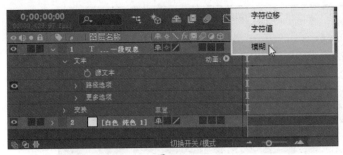

图 5-25   图 5-26

步骤07 保持时间线在0:00:00:00位置，为"模糊"属性添加第一个关键帧，并设置"模糊"属性为60，如图5-27所示。

图 5-27

步骤08 将时间线移动至0:00:04:00处，为"模糊"属性添加第二个关键帧，并设置"模糊"属性为0，如图5-28所示。

图 5-28

步骤09 展开"范围选择器"属性列表，为"起始"属性添加两个关键帧，并分别设置参数，如图5-29和图5-30所示。

图 5-29

图 5-30

步骤 10 按空格键播放动画，可以看到文字逐个变清晰的动画效果，如图5-31所示。

步骤 11 再展开"高级"属性列表，设置"随机排序"为"开"，如图5-32所示。

图 5-31

图 5-32

步骤 12 再次按空格键播放动画，即可看到文字随机模糊的效果，如图5-33所示。

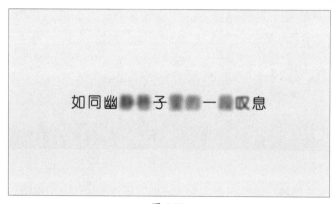

图 5-33

课堂练习 制作文字飞出动画

本案例将利用所学的文字知识制作飞出画面的文字动画，具体操作步骤如下。

步骤 01 新建项目，再新建合成，在弹出的"合成设置"对话框中设置"预设"类型为"HDTV 1080 29.97"，设置"持续时间"为0:00:10:00，如图5-34所示。单击"确定"按钮，创建合成。

步骤 02 执行"图层"→"新建"→"纯色"菜单命令，打开"纯色设置"对话框，设置图层颜色，如图5-35所示。

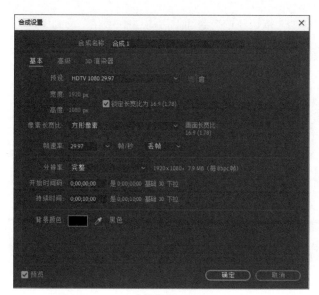

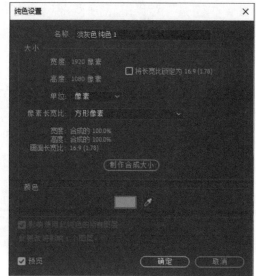

图 5-34　　　　　　　　　　　　　　　　　　图 5-35

步骤 03 单击"确定"按钮创建纯色图层，如图5-36所示。

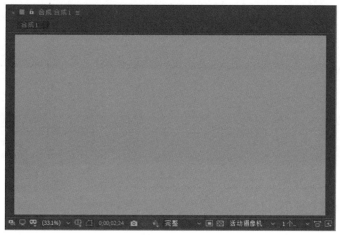

图 5-36

　　步骤 04 单击横排文字工具，在"字符"面板设置字体、大小、颜色、字符间距等参数，然后在"合成"面板单击并输入文字内容，如图5-37和图5-38所示。

图 5-37　　　　　　　　　　　　　图 5-38

步骤05 展开文本图层的属性列表，单击"动画"按钮，选择添加"启用逐字3D化"动画属性，在"合成"面板中会显示活动摄像机，且会使文字逐个显示，如图5-39所示。

图 5-39

步骤06 再为文本图层添加"位置"动画属性，该属性会显示为三维属性，将时间线移动至0:00:00:00，为"位置"动画属性添加第一个关键帧，属性参数不变，如图5-40所示。

图 5-40

步骤07 将时间线移动至0:00:06:00，为"位置"动画属性添加第二个关键帧，并设置参数，如图5-41所示。

图 5-41

步骤08 按空格键预览动画，会看到文字整体移动的效果，如图5-42所示。

图 5-42

步骤 09 展开"范围选择器"属性列表，继续为"偏移"属性添加关键帧，如图5-43和图5-44所示。

图 5-43

图 5-44

步骤 10 按空格键预览动画，可以看到文字按顺序飞出的效果，如图5-45所示。

步骤 11 展开"高级"属性列表，设置"形状"为"上斜坡"，并设置"缓和高"和"缓和低"属性参数，开启"随机排序"属性，如图5-46所示。

图 5-45

图 5-46

步骤12 再按空格键预览动画，可以看到文字随机飞出的效果，如图5-47所示。

步骤13 最后再为文本图层添加"旋转"动画属性，并分别设置"X轴旋转""Y轴旋转""Z轴旋转"的属性参数，如图5-48所示。

图 5-47

图 5-48

步骤14 再按空格键预览动画，观看最终的动画效果，如图5-49所示。

图 5-49

强化训练

1. 项目名称

制作文字抖动动画

2. 项目分析

利用文本的"位置"和"旋转"动画属性结合文本动画控制器中的"摆动选择器"可以制作出旋转并跳动的文字动画效果。

3. 项目效果

动画属性参数的设置和动画效果如图5-50和图5-51所示。

图 5-50

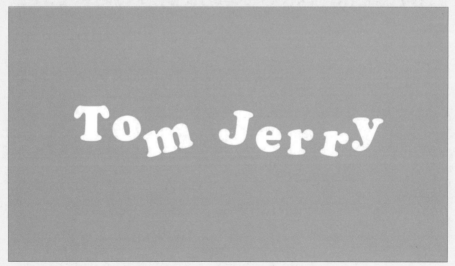

图 5-51

4. 操作提示

①创建纯色图层作为背景图层，再创建文本图层，设置文本字体、大小、颜色等参数。

②为文本图层添加"位置""旋转"动画属性，并设置参数。

③为文本图层添加"摆动控制器"，并设置"摇摆"和"关联"参数。

第**6**章

蒙版工具

内容导读

　　蒙版可以通过蒙版图层中的图形或轮廓透出下面图层中的内容，是后期合成中必不可少的部分。当素材内没有Alpha通道时，可以通过蒙版来建立透明区域，通过蒙版工具的应用，为影片后期制作提供了无限的可能性。

　　本章主要介绍蒙版的概念、蒙版工具、蒙版的创建与编辑等知识。通过本章的学习，可以快速掌握蒙版的使用技巧，制作出独特的图像效果。

要点难点

- 了解蒙版的基本概念
- 熟悉蒙版工具类型
- 掌握蒙版的创建与编辑

6.1 认识蒙版

蒙版可以绘制在图层中，一个图层可以包含多个蒙版。虽然是一个层，但也可以将其理解为两个层，一个是轮廓层，即蒙版层；另一个是被蒙版层，即蒙版下面的图像层。

蒙版是一种路径，可以是开放的路径，也可以是闭合的路径。闭合路径可用于决定图层的透明度，开放路径蒙版则常用于效果的输入或者制作路径动画。

蒙版的轮廓形状决定看到的图像形状，而被蒙版层决定看到的内容，其动画原理是蒙版层做变化或是被蒙版层做运动。

学习笔记

6.2 蒙版工具

利用蒙版工具创建蒙版，是After Effects最常用的蒙版创建方法。通常使用形状工具绘制规则的图形蒙版，或者使用钢笔工具绘制任意的蒙版路径。

6.2.1 形状工具组

使用形状工具可以绘制出多种规则的几何形状蒙版，形状工具按钮位于工具栏中，包括"矩形工具""圆角矩形工具""椭圆工具""多边形工具""星形工具"5种工具。单击并按住工具图标，会展开其他工具选项，如图6-1所示。

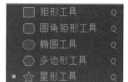

图 6-1

1. 矩形工具

"矩形工具"可绘制出正方形、长方形等矩形形状蒙版。选择素材图层，在工具栏选择"矩形工具"，在素材上单击并拖动鼠标至合适位置，释放鼠标可得到矩形蒙版，如图6-2和图6-3所示。

图 6-2

图 6-3

继续使用"矩形工具",可以绘制出多个形状蒙版,如图6-4所示。如果按住Shift键的同时再拖动鼠标,即可绘制出正方形的蒙版形状,如图6-5所示。

图 6-4   图 6-5

2. 圆角矩形工具

"圆角矩形工具"可以绘制出圆角矩形形状的蒙版,其绘制方法与"矩形工具"相同,效果如图6-6和图6-7所示。

图 6-6   图 6-7

3. 椭圆工具

"椭圆工具"可以绘制出椭圆及正圆形状的蒙版,其绘制方法与"矩形工具"相同。选择素材图层,在工具栏选择"椭圆工具",在素材上单击并拖动鼠标至合适位置,释放鼠标即可得到椭圆蒙版,如图6-8所示。按住Shift键的同时使用椭圆工具则可以绘制出正圆蒙版,如图6-9所示。

4. 多边形工具

"多边形工具"可以绘制多个边角的集合形状蒙版。选择素材图层,在工具栏选择"多边形工具",在素材上单击并拖动鼠标至合适位置,释放鼠标即可得到任意角度的多边形蒙版,效果如图6-10所示。按住Shift键的同时拖动鼠标则可以绘制出正多边形的形状蒙版,如图6-11所示。

<table>
</table>

图 6-8   图 6-9

 操作技巧

绘制出形状蒙版后，按住
Ctrl键即可移动蒙版位置。用
户也可以使用"选择工具"或
者按键盘上的方向键来调整蒙
版位置。

图 6-10   图 6-11

5. 星形工具

使用"星形工具"可以绘制出星星形状的蒙版，其使用方法与
"多边形工具"相同，效果如图6-12和图6-13所示。

图 6-12   图 6-13

6.2.2　钢笔工具组

钢笔工具用于绘制不规则形状的蒙版。钢笔工具组中包括"钢
笔工具""添加'顶点'工具""删除'顶点'工具""转换'顶点'
工具"及"蒙版羽化工具"，如图6-14所示。

图 6-14

1. 钢笔工具

"钢笔工具"可以用于绘制任意蒙版形状。选中素材，选择"钢笔工具"，在"合成"面板依次单击创建锚点，当首尾相连时即完成蒙版的绘制，得到蒙版形状，如图6-15所示。

2. 添加"顶点"工具

"添加'顶点'工具"可以为蒙版路径添加锚点，以便更加精细地调整蒙版形状。选择"添加'顶点'工具"，在路径上单击即可添加锚点，将鼠标指针置于锚点上，按住即可拖动锚点位置，如图6-16所示为添加锚点前后的蒙版效果。

图 6-15

图 6-16

3. 删除"顶点"工具

"删除'顶点'工具"的使用与"添加'顶点'工具"类似，不同的是该工具的功能是删除锚点。在某一锚点单击删除后，与该锚点相邻的两个锚点之间会形成一条直线路径。

4. 转换"顶点"工具

"转换'顶点'工具"可以使蒙版路径的控制点变成平滑或变成硬转角。选择"转换'顶点'工具"，在锚点上单击即可使锚点在平滑或应转角之间转换，如图6-17所示。使用"转换'顶点'工具"在路径线上单击可以添加顶点。

5. 蒙版羽化工具

"蒙版羽化工具"可调整蒙版边缘的柔和程度。选择"蒙版羽化工具"，单击并拖动锚点，即可柔化当前蒙版，效果如图6-18所示。

图 6-17   图 6-18

6.2.3 精准创建蒙版

通过输入数据可以精确地创建规则形状的蒙版，如矩形蒙版、圆形蒙版等。选择图层，在"工具栏"中双击"矩形工具"，或者执行"图层"→"蒙版"→"新建蒙版"菜单命令，即可创建一个与合成等同尺寸的蒙版。

同样地，在"工具栏"中双击形状工具组中的任意工具，都会创建对应的蒙版形状。

6.3 设置蒙版

创建蒙版之后，用户也可以设置蒙版的各个属性，来调整蒙版的效果。

6.3.1 蒙版混合模式

在绘制完成蒙版后，"时间轴"面板会出现一个"蒙版"属性。在"蒙版"右侧的下拉列表中显示了一列选项，用于设置蒙版的混合模式，如图6-19所示。

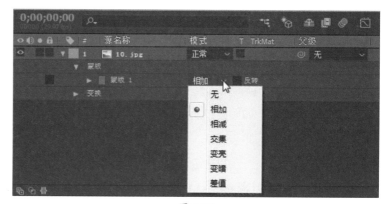

图 6-19

各混合模式含义如下。

（1）无：选择此模式，路径不起蒙版作用，只作为路径存在，可进行描边、光线动画或路径动画等操作。

（2）相加：如果绘制的蒙版中有两个或两个以上的图形，选择此模式可看到两个蒙版以添加的形式显示效果。

（3）相减：选择此模式，蒙版的显示会变成镂空的效果。

（4）交集：两个蒙版都选择此模式，则两个蒙版产生交叉显示的效果。

（5）变亮：此模式对于可视范围区域，与"相加"模式相同。但对于重叠处的不透明度，则采用不透明度较高的值。

（6）变暗：此模式对于可视范围区域，与"相减"模式相同。但对于重叠处的不透明度，则采用不透明度较低的值。

（7）差值：两个蒙版都选择此模式，则两个蒙版产生交叉镂空的效果。

6.3.2 蒙版基本属性

创建蒙版后，在"时间轴"面板的"蒙版"选项中包含"蒙版路径""蒙版羽化""蒙版不透明度"和"蒙版扩展"4个属性选项，如图6-20所示。

图 6-20

1. 蒙版路径

当一个蒙版绘制完毕后，可以通过相应的路径工具对其进行调整。当需要对尺寸进行精确调整时，可以通过"蒙版形状"来设置。单击"蒙版路径"属性右侧的"形状..."文字链接，会打开"蒙版形状"对话框，用户可以在该对话框中设置蒙版的大小、形状等参数，如图6-21所示。

图 6-21

2. 蒙版羽化

羽化功能用于将蒙版的边缘进行虚化处理。默认情况下，蒙版的边缘不带有任何羽化效果，需要进行羽化处理时，可以拖动设置该选项右侧的数值，按比例进行羽化处理。图6-22和图6-23所示为羽化效果对比。

图 6-22　　　　　　　　　　　　　　图 6-23

3. 蒙版不透明度

默认情况下，为图层创建蒙版后，蒙版中的图像100%显示，而蒙版外的图像0%显示。如果想调整其透明效果，可以通过"蒙版不透明度"属性调整。图6-24所示为降低了蒙版不透明度后的效果。

4. 蒙版扩展

如果想要调整蒙版尺寸范围，可以通过"蒙版扩展"属性来调整。当属性值为正值时，将对蒙版进行扩展，如图6-25所示；当属性值为负值时，将对蒙版范围进行收缩。

图 6-24　　　　　　　　　　　　　　图 6-25

课堂练习 **制作镜头打光动画**

本案例将利用蒙版工具制作镜头打光的效果，具体操作步骤如下。

步骤 01 新建项目，在"项目"面板上右击，在弹出的快捷菜单中选择"新建合成"命令，如图6-26所示。

步骤 02 打开"合成设置"对话框，设置"预设"类型为"HDV/HDTV 720 29.97"，设置"持续时间"为0:00:05:00，如图6-27所示。

图 6-26

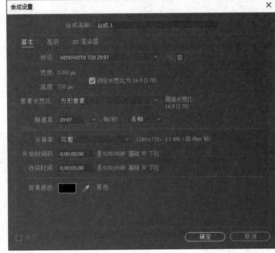

图 6-27

步骤 03 单击"确定"按钮，创建合成，如图6-28所示。

步骤 04 在"项目"面板右击，在弹出的快捷菜单中选择"导入"→"文件"命令，打开"导入文件"对话框，选择要导入的素材，设置"导入为"为"素材"，如图6-29所示。

图 6-28

图 6-29

步骤 05 将素材图像从"项目"面板拖曳至"时间轴"面板，在"合成"面板中可以看到素材尺寸偏大，如图6-30所示。

步骤 06 从"时间轴"面板打开属性列表，调整"缩放"参数值，如图6-31所示。

图 6-30

图 6-31

步骤 07 调整后的"合成"面板如图6-32所示。

步骤 08 选择素材图层，然后在工具栏中选择"椭圆工具"，按住Shift键在素材上绘制一个圆形蒙版，并调整位置，如图6-33所示。

图 6-32

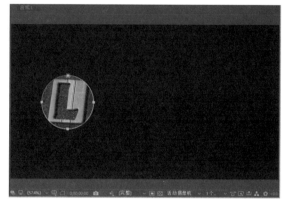

图 6-33

步骤 09 设置"蒙版羽化"和"蒙版扩展"参数，如图6-34所示。

步骤 10 设置后的合成效果如图6-35所示。

图 6-34

图 6-35

步骤 11 选择蒙版路径，执行"编辑"→"复制"菜单命令，再选择素材图层，执行"编辑"→"粘贴"菜单命令，移动调整蒙版路径位置，复制多个蒙版，如图6-36所示。

步骤 12 保持时间线位于0:00:00:00，设置4个蒙版的"蒙版不透明度"参数为0%，效果如图6-37所示。

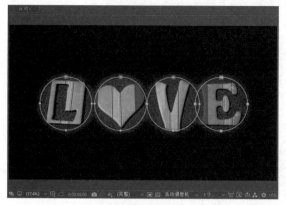
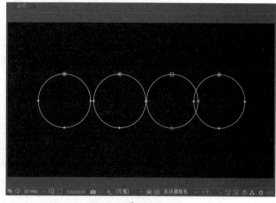

图 6-36　　　　　　　　　　　　　　　　图 6-37

步骤 13 选择蒙版1，在0:00:00:00位置添加"蒙版不透明度"属性的关键帧，再将时间线移动至0:00:01:00，添加关键帧，并设置"蒙版不透明度"为100%，如图6-38所示。

图 6-38

步骤 14 选择蒙版2，在0:00:01:00位置添加"蒙版不透明度"属性的关键帧，设置"蒙版不透明度"为0%，移动时间线至0:00:02:00，添加关键帧并设置"蒙版不透明度"为100%，如图6-39所示。

图 6-39

步骤 15 按照此方法设置剩余的两个蒙版关键帧，如图6-40所示。

图 6-40

步骤 16 设置完毕后，按空格键预览动画效果，如图6-41所示。

图 6-41

课堂练习 **制作文字扫描动画**

本案例将利用蒙版的属性制作文字扫描动画效果，具体操作步骤如下。

步骤 01 新建项目，再新建合成，在弹出的"合成设置"对话框中选择预设类型为"HDTV 1080 29.97"，设置"持续时间"为0:00:06:00，如图6-42所示。

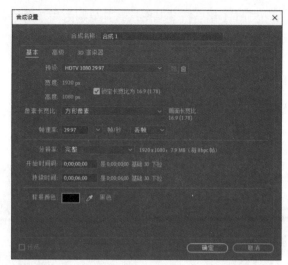

图 6-42

步骤 02 单击"确定"按钮创建合成，如图6-43所示。

步骤 03 执行"图层"→"新建"→"纯色"菜单命令，打开"纯色设置"对话框，单击"制作合成大小"按钮，然后设置图层"颜色"为黑色，如图6-44所示。单击"确定"按钮即可创建纯色图层。

图 6-43

图 6-44

步骤 04 单击"横排文字工具"按钮，在"合成"面板中单击并输入文字内容，在"字符"面板设置文字的字体、大小、颜色等参数，再调整文字在合成中居中显示，如图6-45和图6-46所示。

图 6-45

图 6-46

步骤 05 选择文本图层，按Ctrl+D组合键复制图层，并分别为两个图层重命名为"亮色"和"暗色"，如图6-47所示。

步骤 06 选择"暗色"文本图层，重新调整文本颜色，隐藏"亮色"图层即可看到效果，如图6-48和图6-49所示。

步骤 07 取消隐藏"亮色"图层，并选择该图层，单击"矩形工具"在"合成"面板创建蒙版，如图6-50所示。

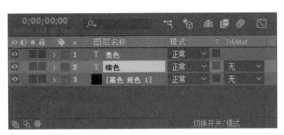

图 6-47

图 6-48

图 6-49

图 6-50

步骤 08 单击"选择工具"，按住Shift键选择蒙版上方的两个锚点调整位置，如图6-51所示。

步骤 09 展开蒙版属性列表，设置"蒙版羽化"和"蒙版扩展"的参数，如图6-52所示。

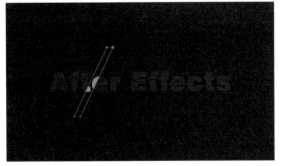

图 6-51

图 6-52

步骤 10 设置后的合成效果如图6-53所示。

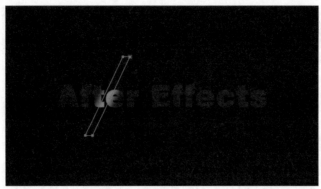

图 6-53

步骤 11 移动时间线至0:00:00:00处，为"蒙版路径"属性添加第一个关键帧，并在"合成"面板调整蒙版位置，如图6-54和图6-55所示。

图 6-54

图 6-55

步骤 12 移动时间线至0:00:04:00处，为"蒙版路径"属性添加第二个关键帧，并在"合成"面板调整蒙版位置，如图6-56和图6-57所示。

图 6-56

图 6-57

步骤 13 按空格键可以预览动画效果，如图6-58所示。

图 6-58

步骤 14 选择蒙版1，按Ctrl+D组合键复制出蒙版2，并移除蒙版2的关键帧，如图6-59所示。

图 6-59

步骤 15 在"合成"面板中调整蒙版形状,如图6-60所示。

图 6-60

步骤 16 将时间线移动至结尾处,为蒙版2的"蒙版路径"属性添加第一个关键帧,如图6-61所示。

图 6-61

步骤 17 再将时间线移动至0:00:04:05处,为蒙版2的"蒙版路径"属性添加第二个关键帧,并在"合成"面板调整蒙版,如图6-62和图6-63所示。

图 6-62

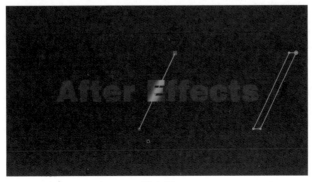

图 6-63

步骤 18 接下来为"蒙版不透明度"属性添加关键帧，如图6-64和图6-65所示。

图 6-64

图 6-65

步骤 19 最后再按空格键，即可预览最终的动画效果，如图6-66所示。

图 6-66

强化训练

1. 项目名称

制作水滴动画

2. 项目分析

利用蒙版工具可以创建独立的形状图层，也可以依附图层创建蒙版。也就是说，可以在形状图层上再创建蒙版效果，结合关键帧和表达式可以制作出独特的动画效果。

3. 项目效果

使用蒙版工具制作的水滴动画效果如图6-67和图6-68所示。

图 6-67

图 6-68

4. 操作提示

①创建纯色图层作为背景。创建形状图层并进行复制，分别作为容器和水。

②为"形状"图层创建蒙版，并制作水位上升的关键帧动画。

③创建"形状"图层作为水滴，利用关键帧和循环表达式制作动画效果。

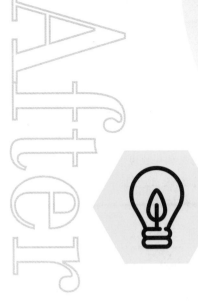

第 **7** 章

色彩校正与调色

内容导读

　　在影视制作前期，拍摄出来的图片往往会受到环境和设备等客观因素的影响，出现偏色、曝光不足或者曝光过度的现象。另外，不同来源素材的光线、色调等也截然不同，这就需要对画面进行校正和调色处理，最大程度统一素材。

　　After Effects的"色彩校正"特效组中提供了许多效果，用于调整包括图像的明度、对比度、饱和度及色相等，可以使画面更加清晰、色彩更为饱和、主题更加突出或是达到其他色彩效果，来达到改善图像质量的目的，制作出更加理想的视频画面效果。

要点难点

- 掌握常用调色效果的应用
- 熟悉其他调色效果

7.1 基础调色特效 ///////////////////////

在After Effects中，色阶、曲线、色相/饱和度这3种特效是最基础的校正和调色特效，本节就对这3种特效进行详细介绍。

7.1.1 "色阶"效果

"色阶"效果主要是通过重新分布输入颜色的级别来获取一个新的颜色输出范围，以达到修改图像亮度和对比度的目的。使用色阶可以扩大图像的动态范围、查看和修正曝光，以及提高对比度等作用。

选择图层，执行"效果"→"颜色校正"→"色阶"菜单命令，在"效果控件"面板中设置"色阶"效果参数，如图7-1所示。

学习笔记

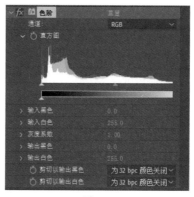

图 7-1

添加效果并设置参数，效果对比如图7-2和图7-3所示。

图 7-2

图 7-3

7.1.2 "曲线"效果

"曲线"效果比"色阶"更加复杂精细，可以对画面整体或单独颜色通道的色调范围进行精确控制。

选择图层，执行"效果"→"颜色校正"→"曲线"菜单命令，在"效果控件"面板中设置"曲线"效果的参数，如图7-4所示。

图 7-4

添加效果并设置参数，效果对比如图7-5和图7-6所示。

图 7-5　　　　　　　　　　　图 7-6

7.1.3　"色相/饱和度"效果

"色相/饱和度"效果可以通过调整某个通道颜色的色相、饱和度及亮度，及对图像的某个色域局部进行调节。

选择图层，执行"效果"→"颜色校正"→"色相/饱和度"菜单命令，在"效果控件"面板设置"色相/饱和度"效果参数，如图7-7所示。

图 7-7

学习笔记

添加效果并设置参数，效果对比如图7-8和图7-9所示。

图 7-8

图 7-9

课堂练习　制作复古画面效果

利用"色彩校正"特效组中的基础调色特效制作出复古的电影效果，具体操作步骤如下。

步骤 01 新建项目，再将准备好的图像素材拖曳至"项目"面板，右击并在弹出的快捷菜单中选择"基于所选项新建合成"命令，创建合成，如图7-10和图7-11所示。

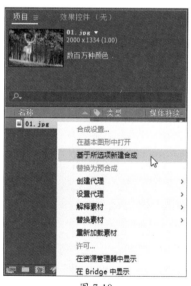

图 7-10

图 7-11

步骤 02 选择素材图层并右击，在弹出的快捷菜单中选择"图层样式"→"渐变叠加"命令，添加图层样式，在"时间轴"面板展开"渐变叠加"属性列表，在"颜色"属性栏单击"编辑渐变"，打开"渐变编辑器"对话框，单击添加"色标"按钮，并分别设置蓝色、橙色、黄色3种渐变颜色，分别如图7-12至图7-14所示。

步骤 03 设置完毕后单击"确定"按钮关闭对话框，"合成"面板的效果如图7-15所示。

图 7-12

图 7-13

图 7-14

图 7-15

步骤 04 在"时间轴"面板设置"混合模式"为"叠加","不透明度"为"100%",如图7-16所示。

步骤 05 设置后的效果如图7-17所示。

图 7-16

图 7-17

步骤 06 从"效果和预设"面板添加"曲线"效果,在"效果控件"面板分别调整RGB通道、"红色"通道和"蓝色"通道的曲线形状,分别如图7-18至图7-20所示。

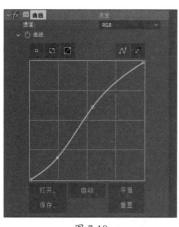
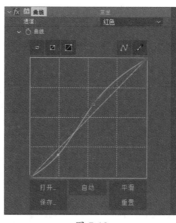
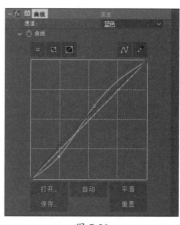

图 7-18　　　　　　　　　　图 7-19　　　　　　　　　　图 7-20

步骤 07 调整效果如图7-21所示。

步骤 08 继续为素材图层添加"色相/饱和度"效果，再调整"主"通道的饱和度，如图7-22所示。

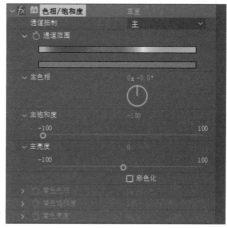

图 7-21　　　　　　　　　　　　　　　　　　图 7-22

步骤 09 最终的调整效果如图7-23所示。

图 7-23

7.2 其他常用特效

除了最基础的调色特效外,"颜色校正"效果组中还提供了许多特效,本节就针对一些常用的效果进行介绍。

7.2.1 "三色调"效果

"三色调"效果可以将画面中的高光、中间调和阴影进行颜色映射,从而更换画面色调。

选择图层,执行"效果"→"颜色校正"→"三色调"菜单命令,在"效果控件"面板中设置"三色调"效果的参数,如图7-24所示。

图 7-24

学习笔记

添加效果并设置参数,效果对比如图7-25和图7-26所示。

图 7-25

图 7-26

7.2.2 "通道混合器"效果

"通道混合器"可以使当前层的亮度作为蒙版,从而调整另一个通道的亮度,并作用于当前层的各个色彩通道。

应用"通道混合器"可以产生其他颜色调整工具不易产生的效果,或者通过设置每个通道提供的百分比产生高质量的灰阶图,或者产生高质量的棕色调和其他色调图像,或者交换和复制通道。

选择图层,执行"效果"→"颜色校正"→"通道混合器"菜单命令,在"效果控件"面板中设置"通道混合器"效果的参数,如图7-27所示。

图 7-27

添加效果并设置参数，效果对比如图7-28和图7-29所示。

图 7-28　　　　　　　　　　　图 7-29

7.2.3 "阴影/高光"效果

"阴影/高光"效果可以单独处理图像的阴影和高光区域，是一种高级调色特效。

选择图层，执行"效果"→"颜色校正"→"阴影/高光效果"菜单命令，在"效果控件"面板中设置"阴影/高光"效果的参数，如图7-30所示。

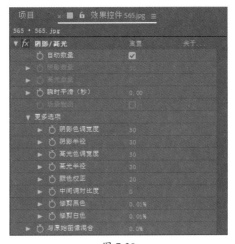

图 7-30

添加效果并设置参数，效果对比如图7-31和图7-32所示。

图 7-31   图 7-32

7.2.4 "照片滤镜"效果

"照片滤镜"效果就像为素材添加一个滤色镜，以便和其他颜色统一。选择图层，执行"效果"→"颜色校正"→"照片滤镜"菜单命令，在"效果控件"面板中设置"照片滤镜"效果的参数，如图7-33所示。

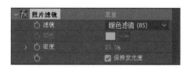

图 7-33

添加效果并设置参数，效果对比如图7-34和图7-35所示。

图 7-34   图 7-35

7.2.5 "灰度系数/基值/增益"效果

"灰度系数/基值/增益"效果可以调整每个RGB独立通道的还原曲线值。

选择图层，执行"效果"→"颜色校正"→"灰度系数/基值/增益"菜单命令，在"效果控件"面板中设置"灰度系数/基值/增益"效果的参数，如图7-36所示。

图 7-36

添加效果并设置参数，效果对比如图7-37和图7-38所示。

图 7-37　　　　　　　　　　　　图 7-38

7.2.6 "亮度和对比度"效果

"亮度和对比度"效果主要用于调整画面的亮度和对比度，可以同时调整所有像素的亮部、暗部和中间色。

选择图层，执行"效果"→"颜色校正"→"亮度和对比度"菜单命令，打开"效果控件"面板，在该面板中用户可以设置"亮度"和"对比度"参数，如图7-39所示。

图 7-39

添加效果并设置参数，效果对比如图7-40和图7-41所示。

图 7-40　　　　　　　　　　　　图 7-41

7.2.7 "色调"效果

"色调"效果用于调整图像中包含的颜色信息，在最亮和最暗间确定融合度。

选择图层，执行"效果"→"颜色校正"→"色调"菜单命令，在"效果控件"面板中设置"色调"效果的参数，如图7-42所示。

图 7-42

添加效果并设置参数，效果对比如图7-43和图7-44所示。

图 7-43

图 7-44

7.2.8 "色调均化"效果

"色调均化"效果可以使图像变化平均化，自动以白色取代图像中最亮的像素，以黑色取代图像中最暗的像素。

选择图层，执行"效果"→"颜色校正"→"色调均化"菜单命令，在"效果控件"面板中设置"色调均化"效果的参数，如图7-45所示。

图 7-45

添加效果并设置参数，效果对比如图7-46和图7-47所示。

图 7-46

图 7-47

7.2.9 "保留颜色"效果

"保留颜色"效果可以去除素材图像中指定颜色外的其他颜色。

选择图层，执行"效果"→"颜色校正"→"保留颜色"菜单命令。在"效果控件"面板中设置"保留颜色"效果的参数，如图7-48所示。

图 7-48

添加效果并设置参数，效果对比如图7-49和图7-50所示。

图 7-49   图 7-50

7.2.10 "曝光度"效果

"曝光度"效果主要是用来调节画面的曝光程度，可以对RGB通道分别曝光。选择图层，执行"效果"→"颜色校正"→"曝光度"菜单命令，在"效果控件"面板中设置"曝光度"效果的参数，如图7-51所示。

图 7-51

添加效果并设置参数，效果对比如图7-52和图7-53所示。

图 7-52   图 7-53

7.2.11 "更改为颜色"效果

"更改为颜色"效果可以用指定的颜色来替换图像中的某种颜色的色调、明度和饱和度。

选择图层，执行"效果"→"颜色校正"→"更改为颜色"菜单命令，在"效果控件"面板中设置效果的参数，如图7-54所示。

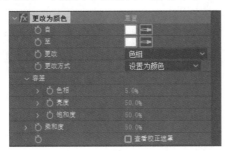

图 7-54

添加效果并设置参数，效果对比如图7-55和图7-56所示。

图 7-55   图 7-56

7.2.12 "颜色平衡"效果

"颜色平衡"效果可以对图像的暗部、中间调和高光部分的红、绿、蓝通道分别调整。选择图层，执行"效果"→"颜色校正"→"颜色平衡"菜单命令，在"效果控件"面板中设置"颜色平衡"效果的参数，如图7-57所示。

图 7-57

添加效果并设置参数，效果对比如图7-58和图7-59所示。

图 7-58

图 7-59

课堂练习 **调整色彩浓郁的风景效果**

本案例将综合利用调色特效来调整一个相机拍摄的风景素材，将原本寡淡的素材调整成对比度强烈、色彩浓郁的效果，具体操作步骤如下。

步骤 01 新建项目，将准备好的图像素材导入"项目"面板，再将素材拖入"时间轴"面板，系统会基于素材创建合成，如图7-60所示。

步骤 02 执行"图层"→"新建"→"调整图层"菜单命令，创建一个"调整图层1"，如图7-61所示。

图 7-60

图 7-61

步骤 03 选择"通道混合器"效果添加到"调整图层1"上,并在"效果控件"面板中调整参数,在"合成"面板中可以预览当前调整效果,分别如图7-62和图7-63所示。

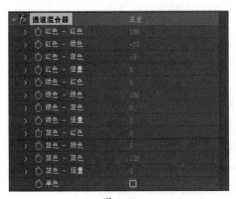

图 7-62　　　　　　　　　　　图 7-63

步骤 04 继续为"调整图层1"添加"亮度和对比度"效果,在"效果控件"面板中调整对比度,在"合成"面板中可以预览当前调整效果,分别如图7-64和图7-65所示。

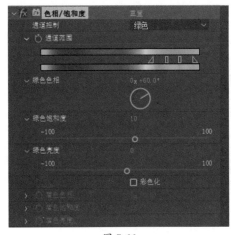

图 7-64　　　　　　　　　　　图 7-65

步骤 05 为"调整图层1"添加"色相/饱和度"效果,分别调整"绿色"通道和"青色"通道的参数,分别如图7-66和图7-67所示。

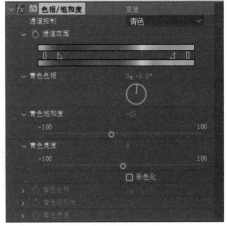

图 7-66　　　　　　　　　　　图 7-67

步骤 06 调整后的效果如图7-68所示。

图 7-68

步骤 07 为"调整图层1"添加"曲线"特效，调整"红色"通道和"蓝色"通道，分别如图7-69和图7-70所示。

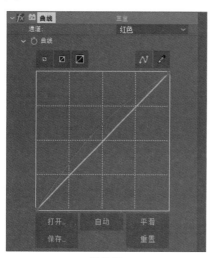

图 7-69

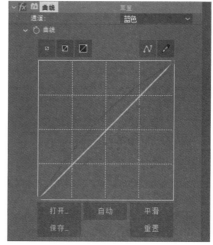

图 7-70

步骤 08 最终的风景图片效果如图7-71所示。

图 7-71

强化训练

1. 项目名称

制作朦胧的浪漫效果

2. 项目分析

对于拍摄的情侣照片，制作出一种朦胧的浪漫氛围，使其更加符合主题。这里可以结合橡皮擦工具制作朦胧效果，再使用"曲线"特效对素材进行适当的调整。

3. 项目效果

调整前、后的效果分别如图7-72和图7-73所示。

图 7-72

图 7-73

4. 操作提示

①基于素材创建合成，复制图层并添加"高斯模糊"效果。

②使用"橡皮擦工具"在"图层"面板中涂抹画面。

③创建调整图层，使用"曲线"特效调整效果。

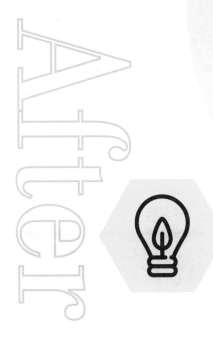

第**8**章

滤镜特效的
应用

内容导读

在影视作品中，一般都离不开特效的使用。通过添加滤镜特效，可以为视频文件添加特殊的处理，使其产生丰富的视觉效果。After Effects内置了大量的效果滤镜，这些滤镜种类繁多、效果强烈，是衡量After Effects在行业中地位的有力保证。常用的内置滤镜特效包括"风格化"滤镜组、"模糊和锐化"滤镜组、"生成"滤镜组、"透视"滤镜组、"扭曲"滤镜组和"过渡"滤镜组。本章将详细介绍常用内置滤镜特效的应用和特点。

要点难点

● 熟悉"风格化"滤镜组的应用
● 熟悉"模糊和锐化"滤镜组的应用
● 掌握"生成"滤镜组的应用
● 熟悉"透视"滤镜组的应用
● 掌握"扭曲"滤镜组的应用
● 熟悉"过渡"滤镜组的应用

8.1 "风格化"滤镜组 ////////////////////////////

"风格化"滤镜组中的特效主要是通过修改、置换原图像像素和改变图像的对比度等操作来为素材添加不同的效果。该组中提供了25个特效，本节将对其中常用的特效进行介绍。

8.1.1 CC Glass特效

"CC Glass（玻璃）"滤镜特效可以通过对图像属性进行分析，添加高光、阴影以及一些微小的变形来模拟玻璃效果。

选择图层，执行"效果"→"风格化"→CC Glass菜单命令，在"效果控件"面板中可以设置效果参数，如图8-1所示。

（1）Bump Map（凹凸映射）：设置在图像中出现的凹凸效果的映射图层，默认图层为1图层。

（2）Property（特性）：定义使用映射图层实现凹凸效果的方法。在右侧的下拉列表中提供了6个选项。

图 8-1

（3）Height（高度）：定义凹凸效果中的高度。默认数值范围为-50～50，可用数值范围为-100～100。

（4）Displacement（置换）：设置原图像与凹凸效果的融合比例。默认数值范围为-100～100，可用数值范围为-500～500。

添加效果并设置参数，效果对比如图8-2和图8-3所示。

图 8-2

图 8-3

8.1.2 "动态拼贴"特效

"动态拼贴"效果可以复制源图像，使素材图像进行水平或垂直方向上的拼贴，产生类似墙砖的效果。执行"效果"→"风格化"→"动态拼贴"菜单命令，在"效果控件"面板中可以设置效果参数，如图8-4所示。

图 8-4

（1）拼贴中心：该属性用于定义主要拼贴的中心。

（2）拼贴宽度、拼贴高度：该属性用于设置拼贴尺寸，显示为输入图层尺寸的百分比。

（3）输出宽度、输出高度：该属性用于设置输出图像的尺寸，显示为输入图层尺寸的百分比。

（4）镜像边缘：该属性用于翻转邻近拼贴，以形成镜像图像。

（5）相位：该属性用于设置拼贴的水平或垂直位移。

（6）水平位移：该属性可以使拼贴水平（而非垂直）位移。

添加效果并设置参数，效果对比如图8-5和图8-6所示。

图 8-5

图 8-6

8.1.3 "马赛克"特效

"马赛克"滤镜特效可以将画面分成若干个网格，每一网格都用本网格内所有颜色的平均色进行填充，使画面产生分块式的马赛克效果。

选择图层，执行"效果"→"风格化"→"马赛克"菜单命令，在"效果控件"面板中可以设置效果参数，如图8-7所示。

图 8-7

（1）水平块：设置水平方向块的数量。

（2）垂直块：设置垂直方向块的数量。

添加效果并设置参数，效果对比如图8-8和图8-9所示。

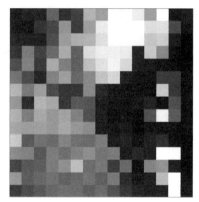

图 8-8

图 8-9

8.1.4 "查找边缘"特效

"查找边缘"特效可以确定具有大过渡的图像区域，并可强调边缘，通常看起来像是原始图像的草图。边缘可在白色背景上显示为深色线条，也可在黑色背景上显示为彩色线条。添加效果并设置参数，效果对比如图8-10和图8-11所示。

图 8-10

图 8-11

8.2 "模糊和锐化"滤镜组

"模糊和锐化"滤镜组中的特效主要用于调整素材的清晰或模糊程度，可以根据不同的用途对素材的不同区域或者不同图层进行模糊或锐化调整。该组中提供了16个特效，本节将对其中常用的特效进行介绍。

8.2.1 "快速方框模糊"特效

"快速方框模糊"滤镜特效经常用于模糊和柔化图像，去除画面中的杂点，在大面积应用时速度更快。

选择图层，执行"效果"→"模糊和锐化"→"快速方框模糊"菜单命令，在"效果控件"面板中可以设置效果参数，如图8-12所示。

图 8-12

（1）模糊半径：设置画面的模糊强度。

（2）迭代：主要用来控制模糊质量。

（3）模糊方向：设置图像模糊的方向，包括水平和垂直、水平、垂直3种。

（4）重复边缘像素：主要用来设置图像边缘的模糊。

添加效果并设置参数，效果对比如图8-13和图8-14所示。

图 8-13　　　　　　　　图 8-14

8.2.2 "摄像机镜头模糊"特效

"摄像机镜头模糊"滤镜特效可以用来模拟不在摄像机聚焦平面内物体的模糊效果（即用来模拟画面的景深效果），其模糊的效果取决于"光圈属性"和"模糊图"的设置。

选择图层，执行"效果"→"模糊和锐化"→"摄像机镜头模糊"菜单命令，在"效果控件"面板中可以设置效果参数，如图8-15所示。

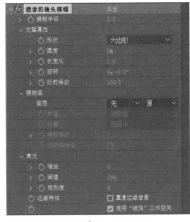

图 8-15

（1）模糊半径：设置镜头模糊的半径大小。

（2）光圈属性：设置摄像机镜头的属性。

（3）形状：用来控制摄像机镜头的形状。

（4）圆度：用来设置镜头的圆滑度。

（5）长宽比：用来设置镜头的画面比率。

（6）旋转：用来控制镜头模糊的方向。

（7）模糊图：用来读取模糊图像的相关信息。

（8）图层：指定设置镜头模糊的参考图层。

（9）通道：指定模糊图像的图层通道。

（10）放置：指定模糊图像的位置。

（11）模糊焦距：指定模糊图像焦点的距离。

（12）反转模糊图：用来反转图像的焦点。

（13）高光：用来设置镜头的高光属性。

（14）增益：用来设置图像的增益值。

（15）阈值：用来设置图像的容差值。

（16）饱和度：用来设置图像的饱和度。

（17）边缘特性：用来设置图像边缘模糊的重复值。

添加效果并设置参数，效果对比如图8-16和图8-17所示。

图 8-16

图 8-17

8.2.3 "径向模糊"特效

"径向模糊"滤镜特效围绕自定义的一个点产生模糊效果，越靠外模糊程度越强，常用来模拟镜头的推拉和旋转效果。在图层高质量开关打开的情况下，可以指定抗锯齿的程度，在草图质量下没有抗锯齿的作用。

选择图层，执行"效果"→"模糊和锐化"→"径向模糊"菜单命令，在"效果控件"面板中可以设置效果参数，如图8-18所示。

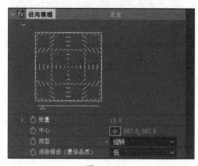

图 8-18

（1）数量：设置径向模糊的强度。

（2）中心：设置径向模糊的中心位置。

（3）类型：设置径向模糊的样式，包括旋转、缩放两种样式。

（4）消除锯齿（最佳品质）：设置图像的质量，包括低和高两种选择。

添加效果并设置参数，效果对比如图8-19和图8-20所示。

图 8-19

图 8-20

8.3 "生成"滤镜组

"生成"滤镜组中的特效主要用于为图像添加各种各样的填充或纹理，如圆形、渐变等，同时也可以通过添加音频来制作特效。该组中提供了26个特效，本节将对其中常用的特效进行介绍，一些光线特效会在后面章节进行介绍。

151

8.3.1 "勾画"特效

"勾画"特效能够在画面上刻画出物体的边缘，甚至可以按照蒙版路径的形状进行刻画。如果已经手动绘制出图像的轮廓，添加该特效后将会直接刻画该图像。

选择图层，执行"效果"→"生成"→"勾画"菜单命令，在"效果控件"面板中可以设置效果参数，如图8-21所示。

图 8-21

常用属性含义如下。

（1）描边：该属性用于选择描边的方式，包括"图像等高线"和"蒙版/路径"两种。

（2）图像等高线：该属性组主要用于控制描边的细节，如描边对象、产生描边的通道等属性。选择描边方式为"图像等高线"时，会激活该属性组。

（3）蒙版/路径：选择"蒙版/路径"描边方式时，会激活该属性，用于选择蒙版路径。

（4）片段：该属性组是"勾画"特效的公用参数，主要用于设置描边的分段信息，如描边长度、分布形式、旋转角度等。

（5）正在渲染：该属性组主要用于设置描边的渲染参数。

添加效果并设置参数，效果如图8-22和图8-23所示。

图 8-22

图 8-23

8.3.2 "梯度渐变"特效

"梯度渐变"滤镜特效可以用来创建色彩过渡的效果,应用频率十分高。

选择图层,执行"效果"→"生成"→"梯度渐变"菜单命令,在"效果控件"面板中可以设置效果参数,如图8-24所示。

图 8-24

（1）渐变起点：设置渐变的起点位置。

（2）起始颜色：设置渐变开始位置的颜色。

（3）渐变终点：设置渐变的终点位置。

（4）结束颜色：设置渐变结束位置的颜色。

（5）渐变形状：设置渐变的类型,包括线性渐变和径向渐变。

（6）渐变散射：设置渐变颜色的颗粒效果或扩散效果。

（7）与原始图像混合：设置与原图像融合的百分比。

添加效果并设置参数,效果对比如图8-25和图8-26所示。

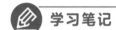
学习笔记

图 8-25

图 8-26

8.3.3 "四色渐变"特效

"四色渐变"滤镜特效在一定程度上弥补了"渐变"滤镜在颜色控制方面的不足,使用该滤镜还可以模拟霓虹灯、流光溢彩等迷幻效果。

选择图层,执行"效果"→"生成"→"四色渐变"菜单命令,在"效果控件"面板中可以设置效果参数,如图8-27所示。

（1）位置和颜色：设置四色渐变的位置和颜色。

（2）混合：设置4种颜色之间的融合度。

（3）抖动：设置颜色的颗粒效果或扩展效果。

（4）不透明度：设置四色渐变的不透明度。

（5）混合模式：设置四色渐变与原图层的叠加模式。

图 8-27

添加效果并设置参数，效果对比如图8-28和图8-29所示。

图 8-28

图 8-29

8.3.4 "音频频谱"特效

"音频频谱"特效主要是应用于音频图层或包含音频的视频图层，以显示包含音频（和可选视频）图层的音频频谱。该效果可以多种不同方式显示音频频谱，包括沿蒙版路径。

选择图层，执行"效果"→"生成"→"音频频谱"菜单命令，在"效果控件"面板中可以设置效果参数，如图8-30所示。

（1）音频层：要用作输入的音频图层。

（2）起始点、结束点：指定"路径"设置为"无"时频谱开始或结束的位置。

图 8-30

（3）路径：沿其显示音频频谱的蒙版路径。

（4）使用极坐标路径：路径从单点开始，并显示为径向图。

（5）起始频率、结束频率：要显示的最低和最高频率，以赫兹为单位。

（6）频段：显示频率分成的频段数量。

（7）最大高度：显示频率的最大高度，以像素为单位。

（8）音频持续时间（毫秒）：用于计算频谱音频的持续时间，以毫秒为单位。

（9）音频偏移（毫秒）：用于检索音频的时间偏移量，以毫秒为单位。

（10）厚度：频段的粗细。

（11）柔和度：频段的羽化或模糊程度。

（12）内部颜色、外部颜色：频段的内部和外部颜色。

（13）混合叠加颜色：指定混合叠加频谱。

（14）色相插值：如果值大于 0，则显示的频率在整个色相颜色空间中旋转。

（15）动态色相：如果选择此选项，并且"色相插值"大于 0，则起始颜色在显示的频率范围内转移到最大频率。当此设置改变时，允许色相遵循显示的频谱基频。

（16）颜色对称：如果选择此选项，并且"色相插值"大于 0，则起始颜色和结束颜色相同。此设置使闭合路径上的颜色紧密接合。

（17）显示选项：指定是以"数字""模拟谱线"还是"模拟频点"形式显示频率。3 种显示形式如图 8-31 所示。

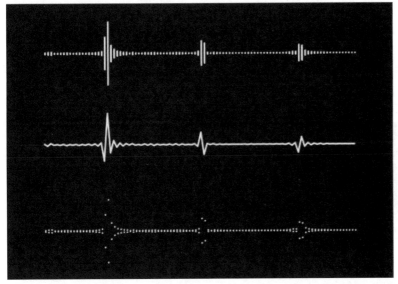

图 8-31

课堂练习 | **制作音乐节奏动画**

本案例将使用音频素材配合钢笔路径、"音频频谱""四色渐变"等特效制作出更有趣味的音律效果，使音频节奏的跳动不再单调。

步骤 01 新建项目，再新建合成，在弹出的"合成设置"对话框中选择"预设"模式为HDTV 1080 29.97，设置"持续时间"为0:00:15:00，如图8-32所示。

步骤 02 单击"确定"按钮创建合成，如图8-33所示。

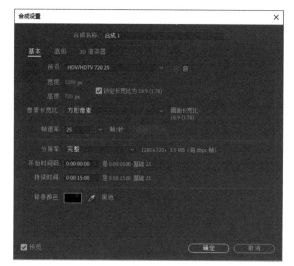

图 8-32　　　　　　　　　　　　　　　　图 8-33

步骤 03 执行"图层"→"新建"→"纯色"菜单命令，创建一个黑色的纯色图层，再将准备好的音频素材拖入"时间轴"面板，如图8-34所示。

步骤 04 选择纯色图层，为其添加"音频频谱"特效，此时会在"合成"面板中看到最初始的频谱效果，如图8-35所示。

图 8-34　　　　　　　　　　　　　　　　图 8-35

步骤 05 在"效果控件"面板中设置"音频频谱"特效的部分属性参数，如图8-36所示。

步骤 06 设置后的频谱效果如图8-37所示。

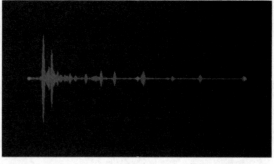

图 8-36   图 8-37

步骤 07 选择纯色图层，在工具栏中单击"椭圆工具"，按Ctrl+Shift组合键创建圆形蒙版，如图8-38所示。

步骤 08 在"效果控件"面板中选择路径"蒙版1"，可以在"合成"面板看到音频频谱的变化，如图8-39所示。

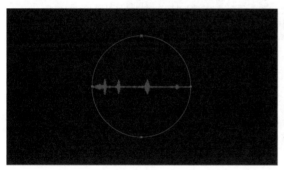

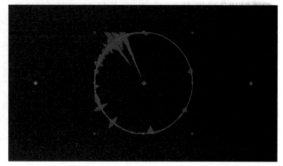

图 8-38   图 8-39

步骤 09 在"时间轴"面板展开蒙版属性列表，设置"蒙版羽化"属性参数为100.0，如图8-40所示。

步骤 10 设置后的频谱效果如图8-41所示。

图 8-40   图 8-41

步骤 11 在"效果控件"面板中设置"面选项"类型为"A面"，设置后频谱效果如图8-42所示。

步骤 12 为纯色图层添加"四色渐变"特效，设置"混合模式"为"色相"，其余参数保持默认，如图8-43所示。

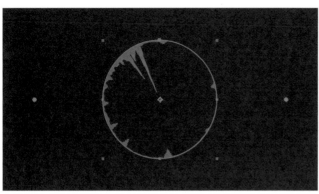

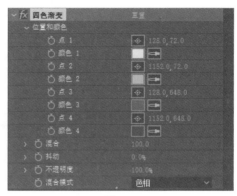

图 8-42　　　　　　　　　　　　　　　　　图 8-43

步骤 13 设置后的频谱效果如图8-44所示。

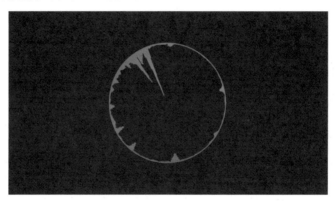

图 8-44

步骤 14 依次为纯色图层添加"色相/饱和度"特效以及"亮度和对比度"特效，并设置参数，分别如图8-45和图8-46所示。

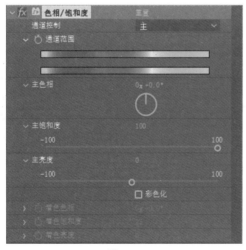

图 8-45

图 8-46

步骤 15 设置后的频谱效果如图8-47所示。

步骤 16 选择纯色图层，按Ctrl+D组合键复制图层，并为图层重命名，如图8-48所示。

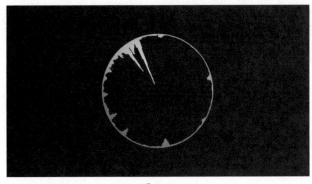

图 8-47

图 8-48

步骤 17 选择"外部"图层，在"效果控件"面板中设置"音频频谱"特效属性组下的"厚度"
"柔和度""显示选项"和"面选项"，如图8-49所示。

步骤 18 设置后的频谱效果如图8-50所示。

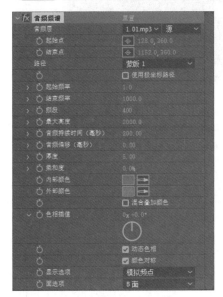

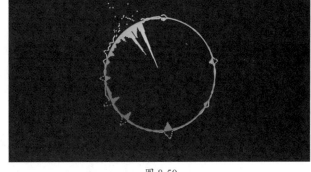

图 8-49

图 8-50

步骤 19 选择"外部"图层，按Ctrl+D组合键复制图层，在"效果控件"面板中调整"音频频
谱"特效的部分参数，如图8-51所示。

步骤 20 设置完毕后，按空格键预览动画，观察最终的效果，如图8-52所示。

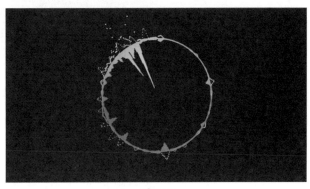

图 8-51

图 8-52

8.4 "透视"滤镜组

"透视"滤镜组中的特效是专门对素材进行各种三维透视变化的一组滤镜特效。该组中提供了10个特效，本节将对其中常用的特效进行介绍。

8.4.1 "斜面Alpha"特效

"斜面Alpha"滤镜特效可以通过二维的Alpha通道使图像出现分界，形成假三维的倒角效果，特别适合包含文本的图像。

选择图层，执行"效果"→"透视"→"斜面Alpha"菜单命令，在"效果控件"面板中可以设置效果参数，如图8-53所示。

图 8-53

（1）边缘厚度：用来设置图像边缘的厚度效果。

（2）灯光角度：用来设置灯光照射的角度。

（3）灯光颜色：用来设置灯光照射的颜色。

（4）灯光强度：用来设置灯光照射的强度。

添加效果并设置参数，效果对比如图8-54和图8-55所示。

图 8-54　　　　　　　　　　　　　　　　图 8-55

8.4.2 "径向阴影"特效

"径向阴影"滤镜特效可以根据图像的Alpha通道为图像绘制阴影效果。

选择图层，执行"效果"→"透视"→"径向阴影"菜单命令，在"效果控件"面板中可以设置效果参数，如图8-56所示。

图 8-56

（1）阴影颜色：设置阴影的颜色。

（2）不透明度：设置阴影的透明程度。

（3）光源：设置光源位置。

（4）投影距离：设置投影与图像之间的距离。

（5）柔和度：设置投影的柔和程度。

（6）渲染：设置阴影的渲染方式为正常或玻璃边缘。

（7）颜色影响：设置颜色对投影效果的影响程度。

（8）仅阴影：勾选此复选框可以只显示阴影模式。

（9）调整图层大小：勾选此复选框可以调整图层大小。

添加效果并设置参数，效果对比如图8-57和图8-58所示。

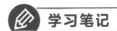

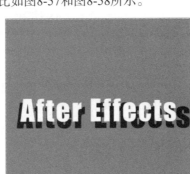

图 8-57 　　　　　　　　　　　　　图 8-58

8.4.3 "投影"特效

"投影"滤镜特效是在层的后面产生阴影，所产生的图像阴影形状是由图像的Alpha通道所决定的。

选择图层，执行"效果"→"透视"→"投影"菜单命令，在"效果控件"面板中可以设置效果参数，如图8-59所示。

图 8-59

（1）阴影颜色：用来设置图像阴影的颜色。

（2）不透明度：用来设置图像阴影的透明度。

（3）方向：用来设置图像的阴影方向。

（4）距离：用来设置图像阴影到图像的距离。

（5）柔和度：用来设置图像阴影的柔化效果程度。

（6）仅阴影：用来设置单独显示图像的阴影效果。

添加效果并设置参数，效果对比如图8-60和图8-61所示。

图 8-60

图 8-61

8.5 "扭曲"滤镜组

"扭曲"滤镜组中的特效可以在不损害图像质量的前提下，对图像进行拉伸、扭曲、挤压等操作，模拟出三维空间效果，从而展现出较为逼真的立体画面。该组中提供了37个特效，本节将对其中常用的特效进行介绍。

8.5.1 "湍流置换"特效

"湍流置换"特效可以利用不规则的变形置换图层，对图像进行扭曲变形，制作出一些流体效果，如流水、烟雾等。选择图层，执行"效果"→"扭曲"→"湍流置换"菜单命令，在"效果控件"面板中可以设置效果参数，如图8-62所示。

图 8-62

常用属性含义介绍如下。

（1）置换：用于选择湍流的类型，包括湍流、凸出、扭转、湍流较平滑、凸出较平滑、扭转较平滑、垂直置换、水平置换、交叉置换9种。

（2）数量：数值越高，扭曲效果越强烈。

（3）大小：数值越高，扭曲范围越大。

（4）偏移（湍流）：用于创建扭曲部分的分形形状。

（5）复杂度：确定湍流的详细程度。数值越低，扭曲越平滑。

（6）演化：可为此演化设置动画关键帧，使湍流随时间变化。

（7）演化选项：用于提供控件，以便在一次短循环中渲染效果，然后在图层持续时间内循环。

（8）固定：指定要固定的边缘，以使沿这些边缘的像素不进行置换。

添加效果并设置参数，效果对比如图8-63和图8-64所示。

图 8-63

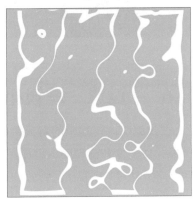

图 8-64

8.5.2 "置换图"特效

"置换图"特效可以根据指定的控件图层中的像素颜色值置换像素，从而扭曲图层。"置换图"效果创建出的扭曲类型各不相同，具体取决于选择的控件图层和选项。

选择图层，执行"效果"→"扭曲"→"置换图"菜单命令，在"效果控件"面板中可以设置效果参数，如图8-65所示。

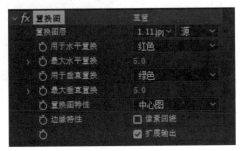

图 8-65

常用属性含义如下。

（1）置换图层：选择指定的控件图层，而不考虑任何效果或蒙版。如果希望将控件图层与其效果结合使用，需预合成此图层。

（2）扩展输出：勾选该复选框后，可使此效果的结果扩展到应用效果图层的原始边界之外。

添加效果，选择置换图层，并设置参数，效果对比如图8-66和图8-67所示。

> **知识拓展**
>
> 置换是由置换图的颜色值决定的。颜色为黑色时，可生成最大的负置换；颜色为白色时，可生成最大的正置换。

图 8-66   图 8-67

8.6 "过渡"滤镜组

"过渡"滤镜组中的特效可以为图层添加特殊效果并实现转场过渡，使图像和视频展示出神奇的视觉效果。该组中提供了17个特效，本节将对其中常用的特效进行介绍。

8.6.1 "卡片擦除"特效

"卡片擦除"滤镜特效可以模拟卡片的翻转，并通过擦除切换到另一个画面。

选择图层，执行"效果"→"过渡"→"卡片擦除"菜单命令，在"效果控件"面板中可以设置效果参数，如图8-68所示。

（1）过渡完成：控制转场完成的百分比。

（2）过渡宽度：控制卡片擦拭宽度。

（3）背面图层：在下拉列表中设置一个与当前层进行切换的背景。

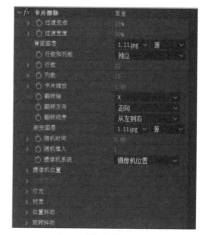

图 8-68

（4）行数：设置卡片行的值。

（5）列数：设置卡片列的值。

（6）卡片缩放：控制卡片的尺寸大小。

（7）翻转轴：在下拉列表中设置卡片翻转的坐标轴方向。

（8）翻转方向：在下拉列表中设置卡片翻转的方向。

（9）翻转顺序：设置卡片翻转的顺序。

（10）渐变图层：设置一个渐变层影响卡片切换效果。

（11）随机时间：可以对卡片进行随机定时设置。

（12）随机植入：设置卡片以随机度切换。

（13）摄像机位置：控制用于滤镜的摄像机位置。

（14）位置抖动：可以对卡片的位置进行抖动设置，使卡片产生颤动的效果。

学习笔记

（15）旋转抖动：可以对卡片的旋转进行抖动设置。

添加效果并设置参数，效果对比如图8-69和图8-70所示。

图 8-69

图 8-70

8.6.2 "百叶窗"特效

"百叶窗"滤镜特效通过分割的方式对图像进行擦拭，以达到切换转场的目的，就如同生活中的百叶窗闭合一样。

选择图层，执行"效果"→"过渡"→"百叶窗"菜单命令，在"效果控件"面板中可以设置效果参数，如图8-71所示。

图 8-71

（1）过渡完成：控制转场完成的百分比。

（2）方向：控制擦拭的方向。

（3）宽度：设置分割的宽度。

（4）羽化：控制分割边缘的羽化。

添加效果并设置参数，效果对比如图8-72和图8-73所示。

图 8-72 图 8-73

8.6.3 "径向擦除"特效

"径向擦除"滤镜特效会沿半径的方向对图像进行擦除，可以制作出许多有趣的效果。选择图层，执行"效果"→"过渡"→"径向擦除"菜单命令，在"效果控件"面板中可以设置效果参数，如图8-74所示。

图 8-74

添加效果并设置参数，效果对比如图8-75和图8-76所示。

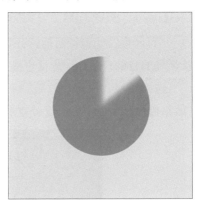

图 8-75 图 8-76

制作文字切换重组动画

在影视节目制作过程中，经常会运用到文字来做动画的相关操作。本案例将通过文字破碎后重组的动画效果，让读者更好地了解效果应用的相关知识以及操作和应用。

步骤 01 新建项目，再新建合成，在"项目"面板右击，在弹出的快捷菜单中选择"新建合成"命令，然后在弹出的"合成设置"对话框中选择"预设"模式为"PAL D1/DV方形像素"，设置"持续时间"为0:00:05:00，如图8-77和图8-78所示。

图 8-77

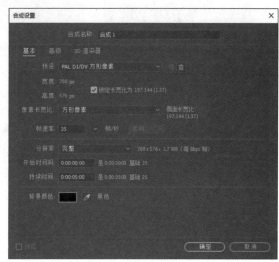

图 8-78

步骤 02 单击"确定"按钮创建合成，如图8-79所示。

图 8-79

步骤 03 单击"横排文字工具"，在"合成"面板单击并输入文字，然后在"字符"面板中设置字体、大小等参数，如图8-80和图8-81所示。

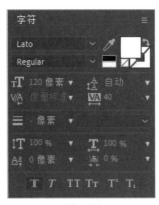

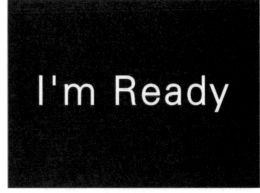

图 8-80   图 8-81

步骤 04 复制文字图层，并更改文字内容，再隐藏图层，如图8-82所示。

图 8-82

步骤 05 选择 "I'm Ready" 文字图层，为其添加 "卡片擦除" 特效，在 "时间轴" 面板打开属性列表，设置背面图层为 "I'm Ready" 文字图层，将时间线移动至0:00:00:00处，为 "过渡完成" 属性添加第一个关键帧，并设置参数为0，如图8-83所示。

图 8-83

步骤 06 接着将时间线移动至0:00:02:00位置，设置 "过渡完成" 值为100%，按Enter键添加关键帧，如图8-84所示。

图 8-84

步骤 07 隐藏 "Let's Go" 文本图层，按空格键播放动画。可以看到文字的切换效果，如图8-85所示。

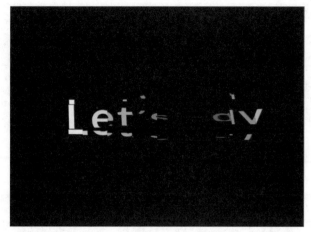

图 8-85

步骤 08 在 "效果控件" 面板中设置 "过渡宽度" "行数" "列数" "翻转轴" "翻转方向" 等参数，再观察合成效果，分别如图8-86和图8-87所示。

图 8-86

图 8-87

步骤 09 打开 "位置抖动" 属性组列表，将时间线移动至0:00:00:05位置，分别设置 "X抖动量" "Y抖动量" "Z抖动量" 参数均为0.00，并添加关键帧，如图8-88所示。

图 8-88

步骤 10 将时间线移动至0:00:01:00位置，分别设置"X抖动量""Y抖动量""Z抖动量"参数均为5.00，并添加关键帧，如图8-89所示。

图 8-89

步骤 11 此时在"合成"面板可以看到文字破碎的状态，如图8-90所示。

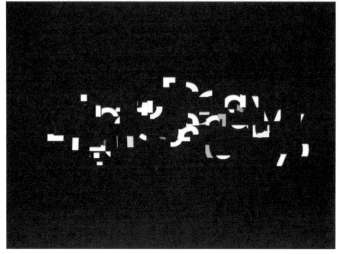

图 8-90

步骤 12 继续将时间线移动至0:00:02:00位置，分别设置"X抖动量""Y抖动量""Z抖动量"参数均为0.00，并添加关键帧，如图8-91所示。

步骤 13 最后再次按空格键预览文字重组的动画效果。

图 8-91

强化训练

1. 项目名称

制作故障干扰效果

2. 项目分析

在视频后期制作中，添加信号干扰、故障引起的失真效果，能够使作品更有动感、炫酷感。可以选择人物、文字等对象作为素材，结合Roto笔刷和"分形杂色"特效、"置换图"特效制作出更加自然的故障效果。

3. 项目效果

制作出的人物故障干扰效果如图8-92所示。

图 8-92

4. 操作提示

①基于素材创建合成，复制素材图层用于抠图，再使用Roto笔刷抠图。

②新建纯色图层，添加"分形杂色"特效，制作故障效果，并创建为预合成。

③隐藏预合成图层，再为抠图图层添加"置换图"特效，选择预合成图层作为置换图，并设置置换参数。

After Effects

第**9**章

粒子与光效

内容导读

　　粒子特效可以模拟出云雾、火焰、下雪、下雨、爆炸等自然效果，而光效在烘托镜头气氛、丰富画面细节等方面起着非常重要的作用，两种特效和其他效果结合可以制作出各种绚烂多彩的特效，还能制作出具有空间感和奇幻感的画面效果，使场景看起来更加美观、震撼。

　　本章将为读者介绍After Effects内置的一些粒子特效和光线特效的相关知识，以及经典粒子插件和经典光效插件的应用，以便更好地制作视频特效。

要点难点

- 掌握粒子特效的知识和应用
- 掌握光线特效的知识和应用

9.1 仿真粒子特效

After Effects的"模拟"特效组中提供了一些粒子特效，用于模拟气泡、下雨、下雪等效果。用户也可以加载使用一些特效插件来制作更加逼真的粒子效果，如Particular、Form等效果。

9.1.1 CC Rainfall特效

CC Rainfall（下雨）特效可以模拟有折射和运动的降雨效果。在"效果控件"面板中可以设置相关参数，如图9-1所示。下面介绍该特效较为重要的属性参数。

图 9-1

（1）Drops（数量）：设置下雨的雨量。数值越小，雨量越小。

（2）Size（大小）：设置雨滴的尺寸。

（3）Scene Depth（场景深度）：设置远近效果。景深越深，效果越远。

（4）Speed（速度）：设置雨滴移动的速度。数值越大，雨滴移动得越快。

（5）Wind（风力）：设置风速，会对雨滴产生一定的干扰。

（6）Variations %（Wind）（变量%）：设置风场的影响度。

（7）Spread（伸展）：雨滴的扩散程度。

（8）Color（颜色）：设置雨滴的颜色。

（9）Opacity（不透明度）：设置雨滴的透明度。

添加该特效制作出的效果如图9-2和图9-3所示。

图 9-2

图 9-3

9.1.2 CC Snowfall特效

CC Snowfall（下雪）特效可以模拟出雪花飘落的效果。在"效果控件"面板中可以设置相关参数，如图9-4所示。

图 9-4

下面介绍该特效较为重要的属性参数。

（1）Flakes（白点）：设置雪花数量。

（2）Size（尺寸）：设置雪花大小。

（3）Variation%（Size）（变量%）：设置雪花大小的偏移量，数值越大偏移越大。

（4）Speed（速度）：设置雪花下落的速度。

（5）Spread（伸展）：设置雪花杂乱程度。

（6）Wiggle（抖动）：设置雪花摇摆数量、偏移程度、摇摆频率等。

（7）Background Illumination（背景照明）：设置背景照明的影响、扩散范围。

（8）Transfer Mode（传递模式）：选择变换模式。

（9）Composite With Origi（与原图层的合成）：设置与原图层的混合度。

添加该特效制作出的效果如图9-5和图9-6所示。

图 9-5

图 9-6

9.1.3 "粒子运动场"特效

"粒子运动场"是基于After Effects CC的一个很常用的特效，可以用来产生大量相似物体独立运动的画面，多用于制作星星、下雪、下雨、爆炸和喷泉等效果。下面介绍该特效较为重要的属性参数。

1. 发射

该属性组主要用于设置粒子发射的相关属性，如图9-7所示。

（1）位置：设置粒子发射位置。

（2）圆筒半径：设置发射半径。

（3）每秒粒子数：设置每秒钟粒子发出的数量。

（4）方向：设置粒子发射的方向。

（5）随机扩散方向：设置粒子发射方向的随机偏移方向。

（6）速率：设置粒子发射速度。

（7）随机扩散速率：设置粒子发射速度的随机变化。

2. 网格

该属性组主要用于设置在一组网格的交叉点处生成一个连续的粒子面。

3. 图层爆炸 / 粒子爆炸

"图层爆炸"属性组可以分裂一个层作为粒子，用来模拟爆炸效果，"粒子爆炸"属性组可以把一个粒子分裂成很多新的粒子，迅速增加粒子数量。

4. 图层映射

该属性组可以设置合成图像中任意图层作为粒子的贴图来替换粒子。

5. 重力 / 排斥

"重力"属性组主要用于设置粒子的重力场。"排斥"属性组主要用于设置粒子间的排斥力。参数面板如图9-8所示。

图 9-7　　　　　　　　　　　　　　图 9-8

（1）力：设置粒子下降的重力大小。

（2）随机扩散力：设置粒子向下降落的随机速率。

（3）方向：默认为180°，重力向下。

知识拓展

如果需要制作带有背景效果的粒子运动，可以在图像图层之上再创建一个纯色图层，并将特效添加到纯色图层。

（4）力：设置排斥力的大小。

（5）力半径：设置粒子所受到排斥的半径范围。

（6）排斥物：设置哪些粒子作为一个粒子子集的排斥源。

6. 墙

该属性组主要用于设置粒子的边界墙属性。

7. 永久属性映射器 / 短暂属性映射器

这两个属性组主要用于设置持续性/短暂性的属性映像器。

9.1.4　Particular特效

Particular是一款经典三维粒子特效插件，属于Trapcode出品的系列滤镜，其操作简单，但功能十分强大，使用频率非常高，能够制作出多种自然效果，如火、云、烟雾、烟花等，是一款强大的粒子效果。下面介绍该特效较为重要的属性参数。

1. 发射器

该属性组用于设置粒子的数量、形状、类型、速度、方向等，如图9-9所示。

（1）粒子/秒：设置每秒发射的粒子数。

（2）发射器类型：设置粒子发射器的类型，可以决定发射粒子的区域和位置，包括点、盒子、球体、网格、灯光、图层、图层网格共7种。

（3）位置XY/Z：设置粒子发射在XY/Z轴上的位置。

（4）方向：设置粒子发射的方向。

（5）方向伸展：控制粒子发射方向的区域宽度。粒子会向整个区域的百分之几运动。

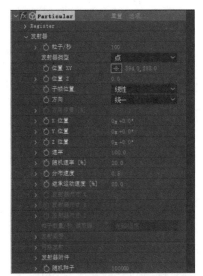

图 9-9

（6）速率：设置粒子的发射速度。

（7）随机速率：设置粒子发射速度的随机值。

（8）分布速度：设置粒子向外运动的速度。

（9）继承运动速度：设置跟随发射器的运动速度运动。

（10）随机种子：随机数值的开始点，整个插件的随机性都会随之变化。

2. 粒子 ———————————————————————

该属性组用于设置粒子的所有外在属性，如大小、透明度、颜色以及在整个寿命周期内这些属性的变化，如图9-10所示。

图 9-10

（1）生命：设置粒子的生存时间。

（2）生命随机：设置生命周期的随机性。

（3）粒子类型：设置粒子的类型，包括球体、发光球体、星云、薄云、烟雾、子画面、子画面变色、子画面填充、多边形纹理、多边形变色纹理、多边形纹理填充共11种类型。图9-11和图9-12所示为不同类型的粒子效果。

图 9-11   图 9-12

（4）球体羽化：设置粒子的羽化程度及透明度。

（5）尺寸：设置粒子的大小。

（6）随机尺寸：设置粒子大小的随机属性。

（7）生命期粒子尺寸：以图形来控制每个粒子的大小随着时间的变化。

（8）不透明：设置粒子的不透明度。

（9）不透明随机：设置粒子随机不透明度。

（10）生命期不透明：以图形控制随着时间变化粒子的不透明度。

（11）设置颜色：设置粒子出生时的颜色。

（12）颜色：设置随机改变色相。

（13）随机颜色：设置粒子颜色。

（14）应用模式：设置粒子的叠加模式。

（15）生命期变换模式：设置粒子死亡后的合成模式。

（16）发光：设置粒子产生的光晕。

（17）条纹：设置条纹状粒子。

3. 阴影

该属性组用于为粒子制造阴影效果，使其具有立体感。

4. 物理学

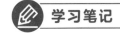

该属性组用于设置粒子在发射后的运动属性，如重力、碰撞、干扰等，如图9-13所示。

（1）物理学模式：包括空气和碰撞两种模式。选择相应的模式会激活下方的属性列表。

（2）重力：设置粒子受重力影响的状态。

（3）物理学时间系数：设置粒子运动的速度。

（4）Air（空气）：用于设置"空气"模式下的物理学参数，如空气阻力、旋转幅度、风向等。

（5）碰撞：用于设置"碰撞"模式下的物理学参数，如地面图层和模式、墙壁图层和模式、碰撞事件、碰撞强度等。

5. 辅助系统

该属性组用于设置发射附加粒子，即粒子本身可以发射粒子，如图9-14所示。

图 9-13

图 9-14

（1）发射：该属性关闭时，辅助系统中的参数无效。打开属性时可选择"随碰撞事件"或"继续"选项。

（2）发射概率：设置发射的概率大小。

（3）类型：设置附加粒子的类型，包括球体、发光球体、星云、薄云、条纹、与主体相同共6种。

（4）速率：设置附加粒子发射的速率。

（5）继承主题颜色：设置附加粒子与主粒子的一致程度。

（6）重力：设置重力影响。

（7）应用模式：设置粒子叠加模式。

（8）继承主题粒子控制：设置主粒子控制程度。

（9）物理学（空气模式）：设置附加粒子的空气阻力、受影响程度等。

6. 整体变换 / 可见度

"整体变换"属性组用于设置粒子空间状态的变化。"可见度"属性组用于设置粒子的可视性。

7. 渲染

该属性组用于设置粒子的渲染参数，如图9-15所示。

图 9-15

（1）渲染模式：设置渲染的方式。

（2）景深：设置景深的开关。

（3）运动模糊：设置运动模糊参数，可以使粒子运动更平滑。

9.1.5　Form特效

Form（形状）效果是一款基于网格的三维粒子滤镜，但没有产生、生命周期和死亡等基本属性，比较适合制作如流水、烟雾、火焰等复杂的三维集合图形，且内置音频分析器，能帮助用户轻松提取节奏频率等参数。下面介绍该特效较为重要的属性参数。

1. 形态基础

该属性组用于设置网格的属性，如图9-16所示。

（1）形态基础：包括网状立方体、串状立方体、分层球体、项目模型4种基础网格类型。

（2）大小X/Y/Z：设置网格的大小。

（3）X/Y/Z中的粒子：设置在X、Y、Z轴上的粒子数量。

（4）XY/Z的中心：设置特效位置。

（5）X/Y/Z旋转：设置特效的旋转。

（6）串设定：只有选"串状立方体"时，该选项才可用。

2. 粒子

该属性组用于设置构成粒子形态的属性，如图9-17所示。

图 9-16　　　　　　　　　　图 9-17

（1）粒子类型：设置粒子类型，包括11种粒子类型。

（2）球体羽化：设置粒子边缘的羽化程度。

（3）材质：设置粒子的材质属性。

（4）旋转：设置粒子的旋转属性。

（5）尺寸：设置粒子的大小。

（6）随机大小：设置粒子大小的随机属性。

（7）透明度：设置粒子的透明度。

（8）随机不透明：设置粒子随机不透明度。

（9）颜色：设置粒子颜色。

（10）混合模式：设置粒子的叠加模式。

（11）发光：设置粒子产生的光晕。

（12）条纹：设置条纹参数。

3. 底纹

"底纹"属性组用于设置粒子与合成灯光的相互作用。

4. 快速映射 / 层映射

"快速映射"属性组用于快速改变粒子网格的状态。"层映射"属性组用于通过其他图层的像素信息来控制粒子网格的变化。

5. 音频反应

该属性组用于设置利用声音轨道控制粒子网格。

6. 分散和扭曲

该属性组用于设置在三维空间中控制粒子网格的离散及扭曲效果，如图9-18所示。

（1）分散：为每个粒子的位置增加随机值。

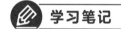

图 9-18

（2）扭曲：围绕X轴对粒子网格进行扭曲。

学习笔记

181

7. 分形区域

该属性组用于设置根据时间变化产生类似分形噪波的变化，如图9-19所示。

图 9-19

（1）影响尺寸：设置噪波影响粒子大小的程度。

（2）影响不透明度：设置噪波影响粒子不透明度的程度。

（3）位移模式：设置噪波的位移方式。

（4）位移：设置位移的强度。

（5）Y/Z位移：设置在Y/Z轴上粒子的偏移量。

（6）流动X/Y/Z：设置每个轴向的粒子偏移速度。

（7）流动演变：设置噪波随机运动的速度。

（8）偏移演变：设置随机噪波的随机值。

（9）循环流动：设置在一定时间内可循环次数。

（10）循环时间：设置重复的时间量。

（11）分形和：包括Noise（噪波）和Abs（Noise）（Abs噪波）。

（12）伽马：设置噪波的伽马值。

（13）添加/相减：改变噪波大小值。

（14）小/大：设置最小/最大的噪波值。

（15）F比例：设置噪波的尺寸。

（16）复杂度：设置Perlin（波浪）噪波函数的噪波层数值。

（17）八倍增加：设置噪波图层的凹凸强度。

（18）八倍比例：设置噪波图层的噪波尺寸。

8. 球形区域 / Keleido 空间

"球形区域"属性组用于设置噪波受球形力场的影响。"Keleido空间"属性组用于设置粒子网格在三维空间中的对称性。

9. 空间转换 / 能见度

"空间转换"属性组用于设置已有粒子场的变换。"能见度"属性组用于设置粒子的可视性。

10. 渲染中

该属性组用于设置渲染的方式、摄像机景深以及运动模糊等效果。

学习笔记

课堂练习　制作文字消散动画

本案例将制作文字消散动画，具体操作步骤如下。

步骤 01 新建项目，再新建合成，在弹出的"合成设置"对话框中选择"预设"模式为HDTV 1080 29.97，并设置"持续时间"为8s，如图9-20所示。

步骤 02 单击"确定"按钮创建"合成1"，如图9-21所示。

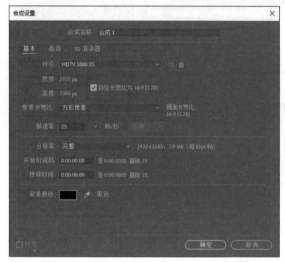

图 9-20

图 9-21

步骤 03 单击"横排文字工具"，在"合成"面板中单击并输入文字内容，接着在"字符"面板中调整文字字体、大小等参数，并调整文本位置，如图9-22所示。

步骤 04 将文本图层创建为预合成，选择"将所有属性移动到新合成"选项，如图9-23所示。

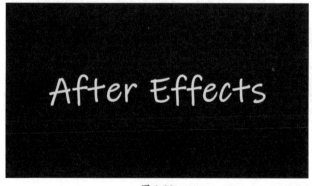

图 9-22

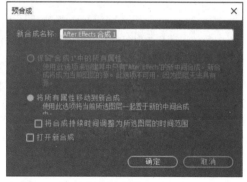

图 9-23

步骤 05 再次对图层进行预合成操作，然后从"项目"面板中将第一个文本预合成拖入"合成1"的"时间轴"面板，并为文本预合成2开启"3D图层"开关，如图9-24所示。

步骤 06 双击进入文本预合成2，选择合成内的预合成图层，单击"矩形工具"，在"合成"面板绘制一个蒙版，如图9-25所示。

图 9-24

图 9-25

步骤 07 展开"蒙版"属性列表，将时间线移动至0:00:00:00位置，为"蒙版路径"属性添加第一个关键帧，如图9-26所示。

图 9-26

步骤 08 再将时间线移动至0:00:05:00，在"合成"面板中选择蒙版并调整位置，如图9-27所示。

步骤 09 按空格键预览动画，可以看到文字从底部逐渐显示又消失的效果，如图9-28所示。

图 9-27

图 9-28

步骤 10 在属性列表中设置"蒙版羽化"参数为80，此时的动画效果如图9-29所示。

图 9-29

步骤 11 返回合成1，为文字预合成1添加"线性擦除"特效，展开属性列表，设置"擦除角度"为0°，"羽化"参数为50，然后移动时间线，为"过渡完成"属性在0:00:00:00和0:00:04:00处添加关键帧，如图9-30和图9-31所示。

图 9-30

图 9-31

步骤 12 执行"图层"→"新建"→"纯色"菜单命令，新建一个纯色图层，并为该图层添加Particular特效，移动时间线就可以看到粒子效果，如图9-32所示。

步骤 13 在"效果控件"面板中展开特效的"发射器"属性，选择发射器类型为"图层"，接着在下方展开"发射图层"属性列表，选择发射图层为文本预合成2，并设置"网格发射"方式为"粒子产生时间"，如图9-33所示。

图 9-32

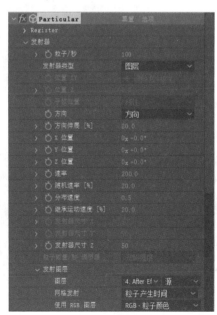

图 9-33

步骤14 移动时间线可以看到少量粒子效果，如图9-34所示。

步骤15 设置"粒子/秒"参数为100000，再移动时间线，就会看到粒子的数量明显增加，如图9-35所示。

图 9-34　　　　　　　　　　图 9-35

步骤16 展开"粒子"属性列表，设置粒子生命、粒子类型等参数，再观察粒子效果，如图9-36所示。

步骤17 再展开"物理学"属性列表，设置"重力"、Air等参数，如图9-37所示。

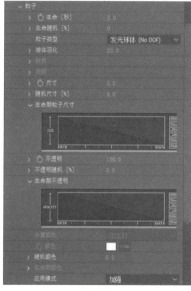 

图 9-36　　　　　　　　　　图 9-37

步骤18 再按空格键预览动画，观察最终的粒子效果如图9-38所示。

 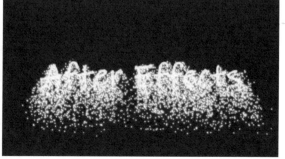

图 9-38

9.2 光线特效

发光效果是各种影视节目或片头中常用的效果之一，如发光的文字或图案等，能够在较短的时间内给人强烈的视觉冲击力，从而令人印象深刻。After Effects内置了几种较为常用的光效滤镜，如发光、CC Light Burst 2.5等，此外用户也可以使用如Shine、Starglow等光效插件来制作更加绚丽的效果。

9.2.1 "发光"特效

"发光"特效是通过增强图像中的亮部区域的亮度来使像素产生炙热感，也就是发光效果。在"效果控件"面板中可以设置相应参数，如图9-39所示。

 学习笔记

图 9-39

下面介绍该特效较为重要的属性参数。

（1）发光基于：选择发光特效使用的通道，有颜色通道和Alpha通道两个选择。

（2）发光阈值：设置抑制发光特效。100%表示完全不接受发光，0%表示完全接受发光。

（3）发光半径：设置发光特效影响范围。默认值是0～100，最大不能超过1000。

（4）发光强度：设置发光特效的强度值。

（5）合成原始项目：在列表中可以选择与原始图像的合成方式，包括"顶端""后面""无"3个选项。

（6）发光操作：设置发光的混合模式。

（7）发光颜色：设置发光的颜色。包括"原始颜色""A和B颜色""任意映射"3种选项。

（8）颜色循环：设置发光颜色的循环模式。

（9）色彩相位：设置发光特效的发光圈数。默认在1～10之间，

最大值不超过127。

（10）A和B中点：设置发光颜色A和B的占比。数值越大，颜色A占比就越大。

（11）发光维度：设置发光特效的方向，包括"水平和垂直""水平""垂直"3个选项。

添加效果并设置参数，图9-40和图9-41所示为添加了"发光"特效的效果。

图 9-40   图 9-41

9.2.2 "镜头光晕"特效

"镜头光晕"滤镜特效可以合成镜头光晕的效果，常用于制作日光光晕。在"效果控件"面板中可以设置相关参数，如图9-42所示。

图 9-42

下面介绍该特效较为重要的属性参数。

（1）光晕中心：设置光晕中心点的位置。

（2）光晕亮度：设置光源的亮度。

（3）镜头类型：设置镜头光源类型，有50～300毫米变焦、35毫米定焦、105毫米定焦3种类型可供选择。

（4）与原始图像混合：设置当前效果与原始图层的混合程度。

9.2.3 CC Light Burst 2.5特效

CC Light Burst 2.5（CC光线缩放2.5）效果可以使图像局部产生强烈的光线放射效果，类似于径向模糊。在"效果控件"面板中可以设置相关参数，如图9-43所示。

图 9-43

下面介绍该特效较为重要的属性参数。

（1）Center（中心）：设置爆裂中心点的位置。

（2）Intensity（亮度）：设置光线的亮度。

（3）Ray Length（光线强度）：设置光线的强度。

（4）Burst（爆裂）：设置爆裂的方式，包括"Straight""Fade"和"Center"3种。

（5）Set Color（设置颜色）：设置光线的颜色。

添加效果并设置参数，效果对比如图9-44和图9-45所示。

图 9-44

图 9-45

9.2.4　CC Light Sweep特效

"CC Light Sweep（CC光线扫描）"效果可以在图像上制作出光线扫描的效果。在"效果控件"面板中可以设置相关参数，如图9-46所示。

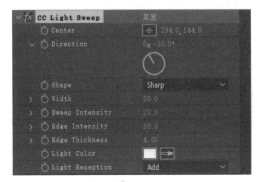

图 9-46

学习笔记

下面介绍该特效较为重要的属性参数。

（1）Center（中心）：设置扫光的中心点位置。

（2）Direction（方向）：设置扫光的旋转角度。

（3）Shape（形状）：设置扫光线的形状，包括"Linear（线性）""Smooth（光滑）""Sharp（锐利）"3种形状。

（4）Width（宽度）：设置扫光的宽度。

（5）Sweep Intensity（扫光亮度）：调节扫光的亮度。

（6）Edge Intensity（边缘亮度）：调节光线与图像边缘相接触时明暗程度。

（7）Edge Thickness（边缘厚度）：调节光线与图像边缘相接触时光线厚度。

（8）Light Color（光线颜色）：设置产生光线颜色。

（9）Light Reception（光线接收）：用来设置光线与源图像的叠加方式，包括"Add（叠加）""Composite（合成）"和"Cutout（切除）"。

9.2.5　Shine特效

Shine（扫光）滤镜是Trapcode开发的一款快速扫光插件，可以制作出逼真的扫光效果。下面介绍该特效较为重要的属性参数。

1. 预处理

该属性组主要用于在应用Shine（扫光）滤镜之前需要设置的功能参数，如图9-47所示。

（1）阈值：分离Shine（扫光）所能发生作用的区域，不同的阈值可以产生不同的光束效果。

（2）使用遮罩：设置是否使用遮罩效果。

（3）来源点：发光的基点，产生的光线以此为中心向四周发射。

2. 光线长度

该属性主要用于设置光线的长短，数值越大，光线越长。

3. 闪烁

该属性主要用于设置光效的细节，如图9-48所示。

图 9-47

图 9-48

（1）数量：设置微光的影响程度。

（2）细节：设置微光的细节。

（3）发光源点的影响：光束中心对微光是否发生作用。

（4）半径：设置发光源点位置移动后动画变化的多少。

（5）减少闪烁：设置减少上述闪烁。在制作扫光动画时，闪烁比较明显。如果勾选后闪烁效果并不令人满意，可以增加"半径"值减缓动画变化。

（6）阶段：设置分形噪波的变化。

（7）使用循环：设置循环点，数值为"阶段"的圈数，即多少圈为一个循环。

4. 光线亮度

该属性主要用于设置光线的高亮程度。

5. 着色

该属性组主要用于设置按照光线的亮度变化给光线赋予颜色，如图9-49所示。

图 9-49

（1）着色：选择光线赋予颜色的种类，共有26个类型。

（2）基于：设置基于效果产生Shine效果，共有7种模式。

（3）高光/中高/中间调/中低：设置高光/中高/中间调/中低部分颜色的拾取。

（4）阴影：设置阴影部分颜色的拾取。

（5）边缘厚度：设置Alpha边缘厚度。

6. 来源不透明 / 光源不透明

"来源不透明"属性主要用于设置源素材的不透明程度。"光源不透明"属性主要用于设置光源的不透明程度。

7. 应用模式

该属性主要用于设置图层的叠加模式。

9.2.6 Starglow特效

Starglow（星光闪耀）滤镜是一个根据源图像的高光部分建立星光闪耀效果的特效滤镜。下面介绍该特效较为重要的属性参数。

1. 预设

该属性提供了29种不同的星光闪耀特效。

2. 输入通道

该属性提供了选择特效基于的通道，包括Lightness（明度）、Luminance（亮度）、Red（红色）、Green（绿色）、Blue（蓝色）和Alpha等通道类型。

3. 预处理

该属性组提供了在应用Starglow（星光闪耀）滤镜之前需要设置的功能参数，如图9-50所示。

图 9-50

（1）阈值：用来定义产生星光特效的最小亮度值。

（2）阈值羽化：用来柔和高亮和低亮区域之间的边缘。

（3）使用遮罩：选择这个选项可以使用一个内置的圆形遮罩。

4. 光线长度

该属性用于调整整个星光的散射长度。

5. 提高亮度

该属性用于调整星光的亮度。

6. 各方向长度

该属性组用于调整上、下、左、右、左上、右上、左下、右下8个方向的光晕大小。

7. 各方向颜色

该属性组用于设置上、下、左、右、左上、右上、左下、右下8个方向的颜色贴图。

8. 贴图颜色 A/B/C

这几个属性组主要用于根据"各方向颜色"来设置贴图颜色。

9. 闪烁

该属性组用于控制星光效果的细节部分，如图9-51所示。

图 9-51

（1）数量：设置微光的影响程度。

（2）细节：设置微光的细节。

10. 来源不透明 / 星光透明度

"来源不透明"属性用于设置源素材的不透明度。"星光透明度"属性用于设置星光特效的透明度。

11. 应用模式

该属性用于设置星光闪耀滤镜和源素材的画面相加方式。

9.2.7 Light Factory特效

Light Factory（灯光工厂）滤镜是一款非常绚丽的灯光效果插件，可以说是After Effects CC中"镜头光晕"滤镜的加强版，各种常见的镜头耀斑、眩光、日光、舞台光等都可以利用该插件制作。下面介绍该特效较为重要的属性参数。

1. 位置

该属性组主要用于设置灯光的位置，如图9-52所示。

（1）Light Source Locat（光源位置）：用来设置灯光的位置。

（2）Use Lights（使用灯光）：勾选该项后，将会启用合成中的灯光进行照射。

（3）Light Source Namin（光源命名）：指定合成中参与照射的灯光。

（4）Location Layer（定位图层）：指定某一个图层发光。

2. 遮蔽

在光源从某个物体后面发射出来时，该属性组起作用，如图9-53所示。

图 9-52

图 9-53

（1）Obscuration Type（遮蔽类型）：在下拉列表中可以选择不同的遮蔽类型。

（2）Obscuration Layer（遮蔽图层）：指定遮蔽的图层。

（3）Source Size（来源大小）：设置光源的大小变化。

（4）Threshold（阈值）：设置光源的容差值。

（5）3D Obscuration（3D阈值）：设置光源的三维容差。

3. Lens（镜头）

该属性组用于设置镜头的相关属性，如图9-54所示。

（1）Brightness（亮度）：用来设置灯光的亮度值。

（2）Use Light Intensit（使用灯光强度）：使用合成中灯光的强度来控制灯光的亮度。

（3）Scale比例：可以设置光源的大小变化。

图 9-54

（4）Color（颜色）：用来设置光源的颜色。

（5）Angle（角度）：用来设置灯光照射的角度。

4. 行为

该属性组用于设置灯光的行为方式。

5. 边缘反应

该属性组用于设置灯光边缘的属性。

6. 渲染

该属性组用于设置是否将合成背景中的黑色透明化。

课堂练习 | **制作唯美花树动画**

本案例将利用蒙版的属性制作文字扫描动画效果，具体操作步骤如下。

步骤 01 新建项目，再新建合成，在弹出的"合成设置"对话框中选择"预设"类型为"HDTV 1080 29.97"，设置"持续时间"为0:00:10:00，如图9-55所示。

图 9-55

步骤 02 单击"确定"按钮创建合成，如图9-56所示。

步骤 03 将准备好的素材导入"项目"面板，再拖入"时间轴"面板，在"合成"面板中调整素材的大小及位置，如图9-57所示。

图 9-56

图 9-57

步骤 04 按Ctrl+D组合键复制图层，再将图层重命名为"投影"，如图9-58所示。

步骤 05 执行"图层"→"变换"→"垂直翻转"菜单命令翻转"投影"图层，再调整素材大小和位置，如图9-59所示。

图 9-58

图 9-59

步骤 06 为"投影"图层添加"色相/饱和度"特效，在"效果控件"面板中调整参数，效果如图9-60和图9-61所示。

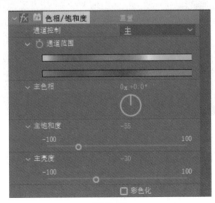

图 9-60

图 9-61

步骤 07 再为图层添加"波形变形"特效，调整效果参数，效果如图9-62和图9-63所示。

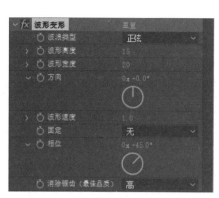

图 9-62   图 9-63

步骤 08 将"智慧树"图层创建成预合成，按Ctrl+D组合键复制图层，再为图层重命名，如图9-64所示。

图 9-64

步骤 09 为"粒子发光"图层添加"发光"特效，设置相关参数，效果如图9-65和图9-66所示。

图 9-65   图 9-66

步骤 10 继续为"粒子发光"图层添加Shine特效，在"效果控件"面板中设置特效的属性参数，如图9-67和图9-68所示。

步骤 11 执行"图层"→"新建"→"纯色"菜单命令，新建一个纯色图层，并为其添加Particular特效，设置"发射器"类型为"图层"，再选择发射图层，设置其他参数，如图9-69所示。

步骤 12 展开"粒子"属性列表，设置粒子生命、粒子类型、尺寸等参数，如图9-70所示。

图 9-67

图 9-68

图 9-69

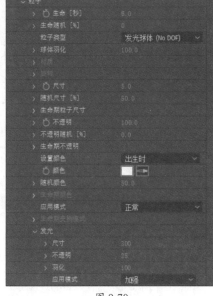

图 9-70

步骤 13 设置完毕后，按空格键预览最终的动画效果，如图9-71所示。

图 9-71

强化训练

1. 项目名称

制作拖尾流星动画

2. 项目分析

利用光效结合Particular（粒子）特效可以制作出类拖尾效果，就像流星飞过一般，非常适合在制作开场动画时使用。

3. 项目效果

拖尾流星的动画效果如图9-72和图9-73所示。

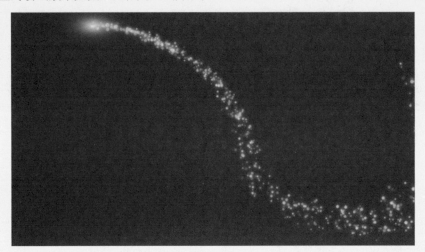

图 9-72

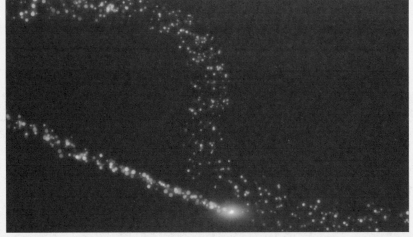

图 9-73

4. 操作提示

①创建灯光图层，根据"位置"属性制作关键帧动画。

②创建纯色图层，添加Light Factory特效，制作光效，并选择使用灯光。

③创建纯色图层，添加Particular特效，选择发射器类型为"灯光"，设置粒子效果。

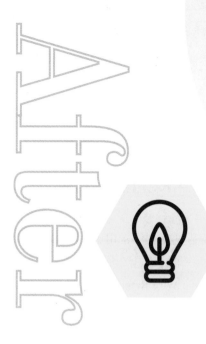

After Effects

第**10**章

抠像与合成

内容导读

　　抠像技术是在影视效果制作中比较常见的技术，可以十分方便地将在蓝屏或绿屏前拍摄的影像与其他影像背景进行合成处理，从而制作出全新的影视效果。本章将为读者介绍一些常用的抠像特效，通过课堂练习可以很好地将其应用到视频后期处理中。

要点难点

● 熟悉After Effects内置抠像特效
● 掌握Keylight（1.2）特效的应用

10.1 抠像特效 ///////////////////////////////////////

"抠像"又被称为"键控",是在影视制作领域中被广泛采用的技术手段。在影视剧花絮中会看到演员在绿色或蓝色的幕布前表演,但在成品影片中是看不到这些幕布的,这就是运用了键控技术,将提取出的图像合成到一个新的场景中去,从而增加画面的鲜活性。

10.1.1 CC Simple Wire Removal特效

CC Simple Wire Removal(简单金属丝移除)效果可以简单地将线性形状进行模糊或替换,在影视后期制作中常用于去除拍摄过程中出现的缆线,如威亚钢丝或者一些吊着道具的绳子。选择图层,执行"效果"→"抠像"→"CC Simple Wire Removal"菜单命令,打开"效果控件"面板,在该面板中用户可以设置相关参数,如图10-1所示。

图 10-1

 **操作技巧**

该特效只能进行简单处理,且只能处理直线,对于弯曲的线是没有办法的。如果后期需要处理掉钢丝或绳子,在前期拍摄时需尽量保证绳子不要太粗或弯曲。

(1)PointA/B(点A/B):该属性用于设置金属丝移除的点A、B。

(2)Removal Style(移除风格):该属性用于设置金属丝移除风格。

(3)Thickness(厚度):该属性用于设置金属丝移除的密度。

(4)Slope(倾斜):该属性用于设置水平偏移程度。

(5)Mirror Blend(镜像混合):该属性用于对图像进行镜像或混合处理。

(6)Frame Offset(帧偏移):该属性用于设置帧偏移程度。

添加效果并设置参数,效果对比如图10-2和图10-3所示。

图 10-2

图 10-3

10.1.2 "线性颜色键"特效

"线性颜色键"效果可以使用RGB、色相或色度信息来创建指定主色的透明度，抠除指定颜色的像素。选择图层，执行"效果"→"抠像"→"线性颜色键"菜单命令，打开"效果控件"面板，在该面板中用户可以设置相关参数，如图10-4所示。

图 10-4

（1）预览：可以直接观察抠像选取效果。

（2）视图：设置"合成"面板中的观察效果。

（3）主色：设置抠像基本色。

（4）匹配颜色：设置匹配颜色空间。

（5）匹配容差：设置匹配范围。

（6）匹配柔和度：设置匹配的柔和程度。

（7）主要操作：设置主要操作方式为主色或者保持颜色。

添加效果并设置参数，效果对比如图10-5和图10-6所示。

图 10-5

图 10-6

> **知识拓展**
>
> 蓝色和绿色被选定为抠像去色的主要原因是蓝色和绿色为三原色，绝对纯度比较高，不容易与其他颜色混淆，能够达到很好的抠像效果。

10.1.3 "颜色范围"特效

"颜色范围"特效通过键出指定的颜色范围产生透明效果，可以应用的色彩空间包括Lab、YUV和RGB，这种键控方式可以应用在背景包含多个颜色、背景亮度不均匀和包含相同颜色的阴影，这个新的透明区域就是最终的Alpha通道。选择图层，执行"效果"→"抠像"→"颜色范围"菜单命令，在"效果控件"面板中可以设置相应参数，如图10-7所示。

图 10-7

（1）键控滴管：该工具可以从蒙版缩略图中吸取键控色，用于在遮罩视图中选择开始键控颜色。

（2）加滴管：该工具可以增加键控色的颜色范围。

（3）减滴管：该工具可以减少键控色的颜色范围。

（4）模糊：对边界进行柔和模糊，用于调整边缘柔化度。

（5）色彩空间：设置键控颜色范围的颜色空间，有Lab、YUV和RGB这3种方式。

（6）最小值/最大值：对颜色范围的开始和结束颜色进行精细调整，精确调整颜色空间参数，（L，Y，R）（a，U，G）（b，V，B）代表颜色空间的3个分量。最小值调整颜色范围开始，最大值调整颜色范围结束。

添加"颜色范围"特效后，使用滴管工具拾取键控颜色，完成上述操作后，即可看到效果对比，如图10-8和图10-9所示。

图 10-8　　　　　　　　　　　　图 10-9

10.1.4 Advanced Spill Suppressor

由于背景颜色的反射作用，抠像图像的边缘通常都有背景色溢出，利用"高级溢出控制器"可以消除图像边缘残留的溢出色。为图像抠像后，再执行"效果"→"抠像"→Advanced Spill Suppressor菜单命令，在"效果控件"面板中可以设置相应参数，如图10-10所示。

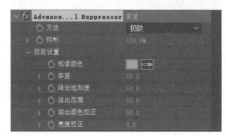

图 10-10

（1）方法：该属性用于选择抑制类型，分为标准和极致两个选项。

（2）抑制：该属性用于设置颜色抑制程度。

（3）极致设置：当选择"极致"类型时，"极致设置"属性组可用，可以详细地设置抠像颜色、容差、降低饱和度、溢出范围、溢出颜色校正、亮度校正等参数。

对素材进行抠像，然后添加效果并设置参数，效果对比如图10-11和图10-12所示。

图 10-11

图 10-12

10.2 Keylight（1.2）特效

Keylight（1.2）是一款工业级别的外挂插件，该插件具有与众不同的蓝/绿荧幕调制器，能够精确地控制残留在前景对象中的蓝幕或绿幕反光，并将其替换成新合成背景的环境光，可以帮助用户轻松获取自己所需的人像等内容，大大提高了视频处理的工作效率。

选择素材后，执行"效果"→"Keying"→"Keylight（1.2）"菜单命令，即可为素材添加该效果。在"效果控件"面板中可以看到该效果的参数非常多，下面进行详细的介绍，如图10-13所示。

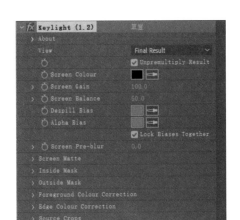

图 10-13

1. View（视图）

该属性设置图像在合成窗口中的显示方式，提供11种显示模式。

2. Unpremultiply Result（非预乘结果）

启用该复选框，设置图像为不带Alpha通道显示；反之为带Alpha通道显示效果。

3. Screen Colour（屏幕颜色）/ Screen Gain（屏幕增益）/ Screen Balance（屏幕均衡）

Screen Colour属性用于设置需要抠除的颜色。一般在原图像中用吸管直接选取颜色。Screen Gain属性用于设置屏幕抠除效果的强弱程度。数值越大，抠除程度就越强。Screen Balance属性用于设置抠除颜色的平衡程度。数值越大，平衡效果越明显。

4. Despill Bias（反溢出偏差）

该属性可恢复过多抠除区域的颜色。

5. Alpha Bias（Alpha 偏差）

该属性可恢复过多抠除Alpha部分的颜色。

6. Lock Biases Together（同时锁定偏差）

启用该复选框，在抠除时，设定偏差值。

7. Screen Pre-blur（屏幕预模糊）

该属性用于设置抠除部分边缘的模糊效果。数值越大，模糊效果越明显。

8. Screen Matte（屏幕蒙版）

该属性组用于设置抠除区域影像的属性参数，如图10-14所示。

图 10-14

（1）Clip Black/ White（修剪黑色/白色）：该属性用于除去抠像区域的黑色/白色。

（2）Clip Rollback（修剪回滚）：该属性用于恢复修剪部分的影像。

（3）Screen Shrink/Grow（屏幕收缩/扩展）：该属性用于设置抠像区域影像的收缩或扩展参数。减小数值为收缩该区域影像，增大数值为扩展该区域影像。

（4）Screen Softness（屏幕柔化）：该属性用于柔化抠像区域影像。数值越大，柔化效果就越明显。

（5）Screen Despot Black/White（屏幕独占黑色/白色）：该属性用于显示图像中的黑色/白色区域。数值越大，显示效果越突出。

（6）Replace Method（替换方式）：该属性用于设置屏幕蒙版的替换方式，提供了4种模式。

（7）Replace Colour（替换色）：该属性用于设置蒙版的替换颜色。

9. Inside Mask（内侧遮罩）/ Outside Mask（外侧遮罩）

这两个属性组主要用于为图像添加并设置抠像内侧和外侧的遮罩属性，两者较为类似。

10. Foreground Colour Correction（前景色校正）

该属性组主要用于设置蒙版影像的色彩属性，如图10-15所示。

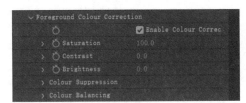

图 10-15

（1）Enable Colour Correction（启用颜色校正）：启用该复选框，可以对蒙版影像进行颜色校正。

（2）Saturation（饱和度）：该属性用于设置抠像影像的色彩饱和度。数值越大，饱和度越高。

学习笔记

（3）Contrast（对比度）：该属性用于设置抠像影像的对比程度。

（4）Brightness（亮度）：该属性用于设置抠像影像的明暗程度。

（5）Colour Suppression（颜色抑制）：该属性组可通过设定抑制类型，来抑制某一颜色的色彩平衡和数量。

（6）Colour Balancing（颜色平衡）：该属性组可通过Hue和Sat两个属性控制蒙版的色彩平衡效果。

11. Edge Colour Correction（边缘色校正）

该属性组主要是对抠像边缘进行设置，属性参数与"前景色校正"属性基本类似，如图10-16所示。

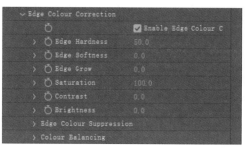

图 10-16

（1）Enable Edge Colour：启用该复选框，可以对蒙版影像进行边缘色校正。

（2）Edge Hardness（边缘锐化）：该属性用于设置抠像蒙版边缘的锐化程度。

（3）Edge Softness（边缘柔化）：该属性用于设置抠像蒙版边缘的柔化程度。

（4）Edge Grow（边缘扩展）：该属性用于设置抠像蒙版边缘的大小。

12. Source Crops（源裁剪）

该属性组主要用于设置裁剪影像的属性类型及参数，如图10-17所示。

图 10-17

（1）X/Y Method（X/Y方式）：该属性用于设置X/Y轴向的裁剪方式。提供了颜色、重复、包围、映射4种模式。

（2）Edge Colour（边缘色）：该属性用于设置裁剪边缘的颜色。

（3）Edge Colour Alpha（边缘色Alpha）：该属性用于设置裁剪边缘的Alpha通道颜色。

（4）Left/Right/Top/Bottom（左/右/上/下）：该属性用于设置裁剪边缘的尺寸大小。

课堂练习 合成小羊吃草视频

本案例将对视频素材进行抠像处理，添加背景后形成全新的视频效果，具体操作步骤如下。

步骤 01 新建项目，导入准备好的视频素材，并根据视频创建合成，如图10-18所示。

图 10-18

步骤 02 执行"合成"→"合成设置"菜单命令，打开"合成设置"对话框，重新设置"持续时间"为5s，如图10-19所示。

步骤 03 为视频素材添加Keylight（1.2）特效，单击"效果控件"面板中Screen Colour属性的拾色按钮，在"合成"面板单击拾取颜色，即可消除素材中的该颜色区域，如图10-20所示。

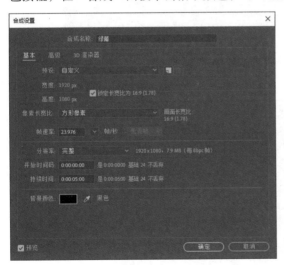

图 10-19

图 10-20

步骤 04 设置View显示方式为Screen Matte，如图10-21所示。

步骤 05 此时"合成"面板中会显示为黑白效果，如图10-22所示。

图 10-21   图 10-22

步骤 06 展开Screen Matte属性列表，设置其中的参数，如图10-23所示。

步骤 07 设置效果如图10-24所示。

图 10-23   图 10-24

步骤 08 重新设置View模式为Final Result，导入准备好的背景素材，如图10-25所示。

图 10-25

步骤 **09** 选择视频图层，按快捷键S打开"缩放"属性，设置参数为60%，然后在"合成"面板中调整素材位置，如图10-26所示。

图 10-26

步骤 **10** 按空格键播放视频，可以看到镜头时有变化。展开"草地"图层的属性列表，分别为"位置"和"缩放"属性各添加第一个关键帧，如图10-27所示。

图 10-27

步骤 **11** 按PgDn键向后移动一帧，会发现小羊没有变化，这里再为"位置"和"缩放"属性各自添加关键帧，且参数不变，如图10-28所示。

图 10-28

步骤 **12** 再向后移动一帧，小羊的位置和大小开始变化，继续为"位置"和"缩放"属性各自添加关键帧，并调整参数，微调图层位置，使"草地"图层随着小羊的变动而变动，如图10-29所示。

图 10-29

步骤 13 继续向后移动一帧，为"位置"和"缩放"属性各自添加关键帧，并调整参数，如图10-30所示。

图 10-30

步骤 14 按照此操作方法，逐帧添加关键帧并调整属性，使草地能够尽量完美契合小羊的动态，如图10-31所示。

图 10-31

步骤 15 操作完毕后，按空格键预览最终效果，如图10-32所示。

图 10-32

学 习 心 得

强化训练

1. 项目名称

合成工作视频

2. 项目分析

使用抠像特效可以很好地抠除纯色区域，尤其是蓝幕或者绿幕，很适合处理纯色背景类的场景，从而将其他内容合并到场景中。

3. 项目效果

抠像合成前、后的效果如图10-33和图10-34所示。

图 10-33

图 10-34

4. 操作提示

①导入素材，使用Keylight（1.2）特效对视频中的绿幕区域进行抠像处理。

②对计算机桌面视频素材添加"边角定位"特效，调整边角位置。

After Effects

第**11**章

制作宣传视频片头

内容导读

　　视频宣传片是如今较为常用的传媒手段，人们可以使用视频进行各种简单的宣传，同样也可以利用After Effects来制作更具个性的宣传短片。本章将利用书中所学知识制作一个女装广告宣传视频，通过学习可以让读者更好地掌握图层的创建与应用以及各种特效的使用技巧。

要点难点

- 掌握图层基本属性的应用
- 掌握蒙版的应用
- 掌握"卡片擦除"特效和"置换图"特效的应用

11.1 设计解析

最近几年，短视频平台拥有了巨大流量，非常适合以短视频广告的形式进行品牌宣传营销。通过短视频广告，可以直观地向消费者表达产品功效、品牌调性等，能够更好地传达品牌精神和品牌形象，扩大品牌影响力或增加销量，从而带来利润。

11.1.1 设计思想

在制作品牌宣传片头之前，需要对品牌的风格、定位、理念等进行了解，从而构思出相匹配的视频效果，包括色彩的取用、整体视频的布局等。在制作视频时，以经典的模特着装效果作为背景，表达品牌的经典风格，还要突出品牌名称与相关理念。

11.1.2 制作手法

本案例将练习制作一个品牌宣传片头，主要涉及的知识点包括图层和蒙版的创建、关键帧动画的制作、文字动画属性的应用等。在制作时，需要选择合适的背景素材，以奠定视频的整体基调，制作开屏动画和展示效果；通过"模糊"动画属性结合范围控制器制作文字的显示效果。

11.2 制作过程

11.2.1 新建合成并设置固态层

在制作合成视频之前首先要新建项目与合成，本小节将根据素材创建合成，具体操作步骤如下。

步骤01 执行"文件"→"新建"→"新建项目"菜单命令新建项目。

步骤02 在"项目"面板右击，在弹出的快捷菜单中选择"导入"→"文件"菜单命令，打开"导入文件"对话框，选择导入的素材图像，单击"导入"按钮，如图11-1和图11-2所示。

图 11-1

图 11-2

步骤03 将素材图像直接拖入"时间轴"面板，系统会根据该素材图像自动创建合成，如图11-3所示。

图 11-3

步骤 04 执行"合成"→"合成设置"菜单命令，会打开"合成设置"对话框，设置"帧速率"为25，"持续时间"为0:00:05:00，如图11-4所示。

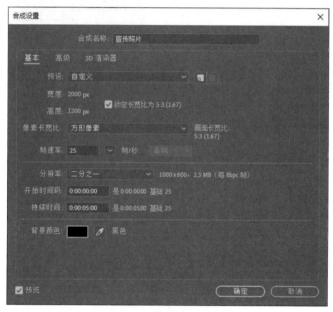

图 11-4

步骤 05 单击"确定"按钮，在"时间轴"面板可以看到时间线变长了，再调整图层长度，如图11-5所示。

图 11-5

11.2.2 制作背景动画效果

本小节将利用图层的"位置"属性和"不透明度"属性等制作背景动画效果，具体操作步骤如下。

步骤 01 在"时间轴"面板的空白处右击，在弹出的快捷菜单中选择"新建"→"纯色"菜单命令，打开"纯色设置"对话框，设置图层宽度为2000像素、高度600像素，图层"颜色"为黑色，如图11-6和图11-7所示。

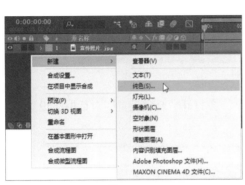

图 11-6   图 11-7

步骤 02 单击"确定"按钮，创建纯色图层，位于图像图层之上，如图11-8所示。

图 11-8

步骤 03 在"对齐"面板中单击"垂直靠上对齐"按钮，将纯色图层对齐顶部，如图11-9所示。

图 11-9

步骤 04 从"时间轴"面板打开图层基本属性列表，在0:00:00:00处激活并创建"位置"属性的关键帧，参数保持不变，如图11-10所示。

图 11-10

步骤 05 将时间线移动至0:00:01:00位置，添加关键帧，再设置属性参数为1000.0,-300.0，如图11-11所示。

图 11-11

步骤 06 此时，在合成面板可以看到纯色图层对象已经移动至上方，如图11-12所示。

图 11-12

步骤 07 按照此操作方法创建下半部分的纯色图层，按空格键可以预览动画效果，如图11-13所示。

图 11-13

步骤08 执行"图层"→"新建"→"纯色"菜单命令，打开"纯色设置"对话框，单击"制作合成大小"按钮，再单击色块后的拾色器按钮，从素材图像拾取背景颜色，如图11-14所示。

图 11-14

步骤09 单击"确定"按钮创建纯色图层，并将该图层置于图像图层下方，如图11-15所示。

图 11-15

步骤10 选择"宣传照片"图层，按快捷键T打开该图层的"不透明度"属性，将时间线移动至0:00:00:00，为该属性添加第一个关键帧，设置不透明度为0%，如图11-16所示。

图 11-16

步骤11 接着将时间线移动至0:00:01:00，继续添加关键帧，再设置不透明度为100%，设置图层混合模式为"溶解"，如图11-17所示。

图 11-17

步骤 12 按空格键预览动画，可以看到开屏以及图像显示的效果，如图11-18所示。

图 11-18

步骤 13 在"合成"面板单击"选择网格和参考线"按钮，在打开的列表中勾选"参考线"和"标尺"选项，为项目面板显示标尺，如图11-19和图11-20所示。

图 11-19

图 11-20

步骤 14 按照40像素、280像素的间距拖动创建多条参考线，如图11-21所示。

图 11-21

步骤 15 执行"图层"→"新建"→"纯色"菜单命令，打开"纯色设置"对话框，设置宽度为920像素、高度为1像素，"颜色"为白色，如图11-22所示。

图 11-22

步骤 16 单击"确定"按钮创建纯色图层，再调整图层位置，隐藏参考线，即可看到新创建的纯色图层，如图11-23所示。

图 11-23

步骤 17 按Ctrl+D组合键复制纯色图层，并根据参考线调整位置，如图11-24所示。

图 11-24

步骤 18 选择全部白色纯色图层,将其创建成预合成,再单击"矩形工具",在预合成图层上创建蒙版,如图11-25所示。

图 11-25

步骤 19 展开蒙版属性,设置"蒙版羽化"属性为50,再将时间线移动至0:00:03:00处,为"蒙版路径"属性添加第一个关键帧,参数不变,如图11-26所示。

图 11-26

步骤 20 将时间线移动至0:00:01:00处,为"蒙版路径"属性添加第二个关键帧,然后在"合成"面板调整蒙版形状,如图11-27所示。

图 11-27

步骤 21 接下来按照同样的方法制作竖向宽度1像素、高度1200像素的线条,并创建关键帧动画,如图11-28所示。

图 11-28

11.2.3 制作文字动画效果

本小节利用文字预设动画、"卡片擦除"特效等制作文字动画效果，具体操作步骤如下。

步骤 01 单击"横排文字工具"，在"合成"面板单击并输入文字内容，在"字符"面板设置字体、大小及颜色等参数，再为个别文字设置其他颜色，如图11-29和图11-30所示。

图 11-29

图 11-30

步骤 02 展开文本图层属性，为图层添加"模糊"动画属性，设置"模糊"参数为360，再移动时间线至0:00:03:00处，展开"范围选择器1"属性列表，为"起始"属性添加第一个关键帧，并保持默认参数，如图11-31所示。

图 11-31

步骤 03 移动时间线至0:00:06:00处，再次添加关键帧，设置"起始"属性参数为100%，如图11-32所示。

图 11-32

步骤 04 展开"高级"属性列表，设置开启"随机排序"属性，再按空格键预览动画效果，可以看到文字逐个显示的效果，如图11-33所示。

图 11-33

步骤 05 单击"横排文字工具"按钮，创建文字选框，输入文字内容并设置字体和大小，如图11-34和图11-35所示。

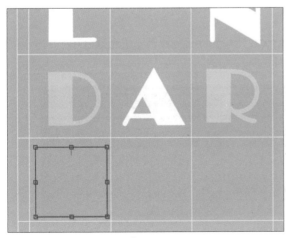

图 11-34

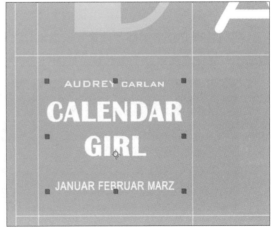

图 11-35

步骤 06 再陆续创建两个文字图层，如图11-36所示。

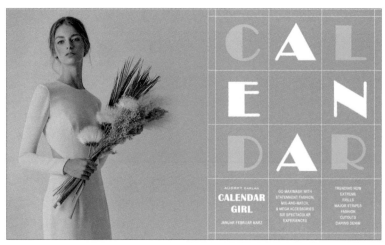

图 11-36

步骤 07 将新创建的3个文本图层创建成预合成，再单击"矩形工具"在该图层上绘制蒙版，如图11-37所示。

图 11-37

步骤 08 展开蒙版属性，设置"蒙版羽化"属性为30，再将时间线移动至0:00:03:00处，为"蒙版路径"属性添加第一个关键帧，如图11-38所示。

图 11-38

步骤 09 将时间线移动至0:00:06:00处，在"合成"面板调整蒙版形状，系统会自动创建第二个关键帧，如图11-39所示。

图 11-39

步骤 10 创建文字图层，输入文字内容，在"字符"面板中设置字体、大小、颜色等参数，如图11-40和图11-41所示。

图 11-40

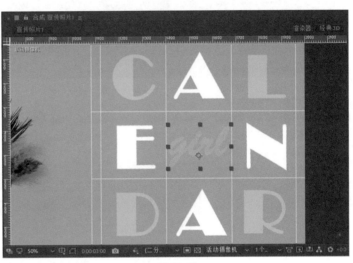

图 11-41

步骤 11 将该文字图层隐藏，再新建形状图层，单击"钢笔工具"，绘制一个心形图形，关闭描边设置，如图11-42所示。

图 11-42

步骤 12 设置图层混合模式为"溶解",再展开属性列表,将时间线移动至0:00:06:00处,为"不透明度"属性添加关键帧,设置参数为0%;再将时间线移动至0:00:07:00处,添加第二个关键帧,再设置参数为100%,如图11-43和图11-44所示。

图 11-43

图 11-44

步骤 13 为形状图层添加"卡片擦除"特效,在"效果控件"面板设置效果参数,如图11-45所示。

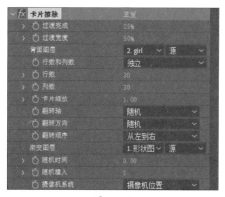

图 11-45

步骤 14 移动时间线至0:00:06:00处,为"过渡完成"属性添加关键帧,设置参数为0,如图11-46所示。

图 11-46

步骤 15 继续移动时间线至0:00:07:10处，添加第二个关键帧，设置参数为100%，如图11-47所示。

图 11-47

步骤 16 新建文字图层，输入文字内容，在"字符"面板设置字体、大小及颜色，接着在"合成"面板调整文字位置，如图11-48和图11-49所示。

图 11-48   图 11-49

步骤 17 将时间线保持在0:00:07:10位置处，为文字图层添加"字符旋转进入"特效，按空格键播放动画，效果如图11-50所示。

图 11-50

步骤 18 按Ctrl+Y组合键打开"纯色设置"对话框，单击"制作合成大小"按钮设置图层大小，创建一个纯色图层，位于图层顶部，如图11-51所示。

图 11-51

步骤 19 为纯色图层添加"分形杂色"效果，在"时间轴"面板中展开属性列表，再展开"演化选项"属性列表，按住Alt键单击"随机植入"属性的"时间变化秒表"按钮，在右侧输入表达式"time*10"，如图11-52所示。按Enter键即可完成操作。

图 11-52

步骤 20 将纯色图层创建成预合成，并在"预合成"对话框中选中"将所有属性移动到新合成"单选按钮，如图11-53所示。

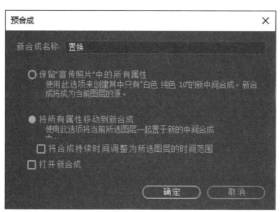

图 11-53

步骤 21 将时间线移动至0:00:09:00处，选择预合成图层并按"Alt+]"组合键修改入点，再隐藏该图层，如图11-54所示。

图 11-54

步骤 22 选择图层列表中所有的文字图层，为其添加"置换图"效果，在"效果控件"面板设置"置换图层"，"最大水平置换"和"最大垂直置换"值都设置为8，如图11-55所示。

图 11-55

步骤 23 最后再按空格键，即可预览最终的动画效果，如图11-56所示。

图 11-56

学 习 心 得

第**12**章

制作窗外飘雪动画

内容导读

在视频后期制作时，自然元素的应用频率非常高，如雨、雪、火焰、烟雾等。本案例中将利用After Effects为一张普通的风景图像制作窗外雨雪飘飞的动画效果，主要涉及蒙版、扭曲特效、模糊特效以及粒子特效等知识。

要点难点

- 掌握蒙版工具的应用
- 掌握"湍流置换"特效的应用
- 掌握各种粒子特效的应用

12.1　设计解析

影视后期特效是影视艺术的一个重要组成部分，几乎可以实现所有现实中不能实现的效果，不但可以降低制作成本，避免场景搭建造成的资源浪费，而且能使影片具有引人入胜的视觉效果。

12.1.1　设计思想

液体、粒子等是视频后期制作中较为常用的特效，在实际环境无法表达想要的效果时，就需要通过添加特效的方式来达成。比如：晚春的花树下，很难见到雪花飘飞的场景，通过特效的制作，可以达到美景与意境同时展现的目的。

12.1.2　制作手法

本案例将利用一个静态图像制作出场景动画，主要涉及的知识点包括形状与蒙版的应用以及"湍流置换"、CC Particle World、CC Glass等特效的应用等。在制作时，需要选择合适亮度的背景图像，较暗的图像可以凸显后期的雨水效果；使用形状、蒙版结合"湍流置换"等特效制作出雨水顺着玻璃流下的效果，再使用粒子特效制作出雨水和雪花纷飞的效果。

12.2　制作过程

12.2.1　制作雨水滑落动画

本小节首先来制作雨水顺着玻璃滑落的动画效果，具体操作步骤如下。

步骤 01 新建项目，导入准备好的"背景"图像素材，在"项目"面板右击素材，在弹出的快捷菜单中选择"基于所选项新建合成"命令，创建合成，如图12-1和图12-2所示。

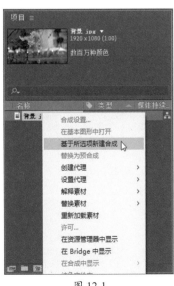

图 12-1

图 12-2

步骤 02 执行"合成"→"合成设置"菜单命令，打开"合成设置"对话框，设置"持续时间"为0:00:10:00，如图12-3所示。

步骤 03 执行"图层"→"新建"→"纯色"菜单命令，打开"纯色设置"对话框，这里设置图层尺寸如图12-4所示。

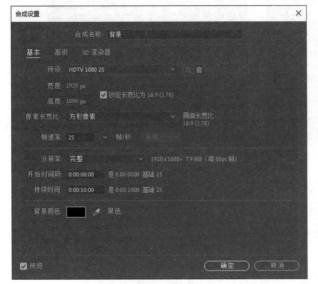

图 12-3

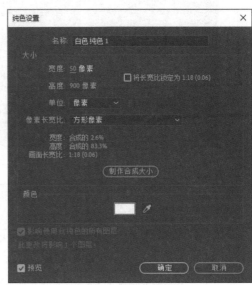

图 12-4

步骤 04 单击"确定"按钮创建纯色图层，如图12-5所示。

步骤 05 在纯色图层上右击，在弹出的快捷菜单中选择"预合成"命令，打开"预合成"对话框，选中"将所有属性移动到新合成"单选按钮，再输入新合成名称，如图12-6所示。单击"确定"按钮创建预合成。

图 12-5

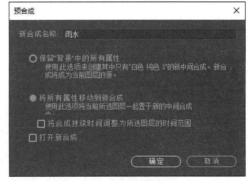

图 12-6

步骤 06 双击进入预合成，如图12-7所示。

步骤 07 选择纯色图层，单击"圆角矩形工具"，在图层上绘制一个蒙版，如图12-8所示。

步骤 08 再单击"椭圆工具"，继续在底部绘制一个椭圆蒙版，如图12-9所示。

步骤 09 单击"选择工具"，在"时间轴"面板中选择蒙版，然后调整蒙版路径，如图12-10所示。

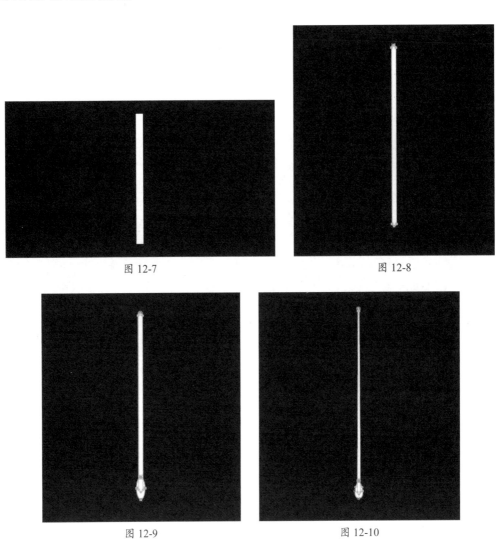

图 12-7　　　　　　　　　　　　　　　图 12-8

图 12-9　　　　　　　　　　　　　　　图 12-10

步骤 10 继续单击"矩形工具",绘制第三个蒙版,如图12-11所示。

步骤 11 在图层属性列表中设置该蒙版的混合模式为"相减",再调整"蒙版羽化"参数为240,如图12-12所示。

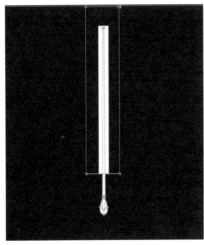

图 12-11

图 12-12

步骤 **12** 设置后的合成效果如图12-13所示。

步骤 **13** 选择纯色图层，将其创建为预合成，并输入"新合成名称"为"雨滴"，如图12-14所示。

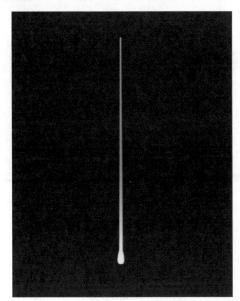

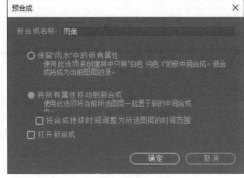

图 12-13　　　　　　　　　　　　　　　　　图 12-14

步骤 **14** 为"雨滴"预合成图层开启"折叠变换"功能，再按快捷键P打开"位置"属性，将时间线移动至0:00:00:00处，为"位置"属性添加第一个关键帧，并调整属性参数。此时，雨滴图形位于合成的上方，如图12-15和图12-16所示。

图 12-15

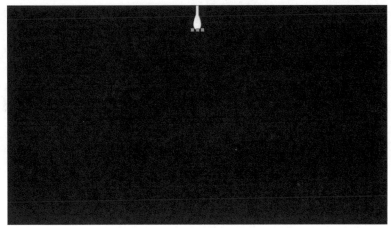

图 12-16

步骤15 再移动时间线至出点位置，为"位置"属性添加第二个关键帧，并调整参数，此时图形位于合成的下方，如图12-17和图12-18所示。

步骤16 拖动时间线即可看到雨滴垂直下落的效果。

图 12-17

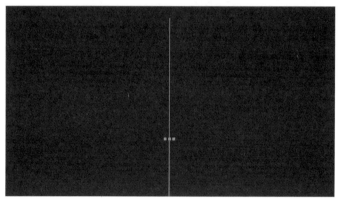

图 12-18

步骤17 再次将图层创建成预合成，并命名为"雨滴下落"，为图层开启"折叠变换"，然后按Ctrl+D组合键复制多个图层，并在"合成"面板调整位置，如图12-19和图12-20所示。

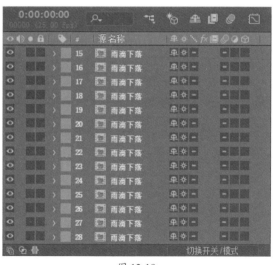

图 12-19

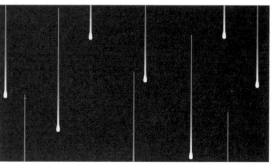

图 12-20

步骤18 全选图层，再创建成预合成，重命名为"雨水滑落动画"。为预合成图层添加"湍流置换"特效，并在"效果控件"面板中调整特效参数，观察合成效果，如图12-21和图12-22所示。

图 12-21

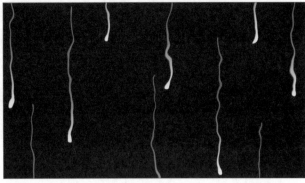

图 12-22

步骤 19 选择"湍流置换"特效，按Ctrl+D组合键进行复制，修改置换类型，调整其他参数，再观察合成效果，如图12-23和图12-24所示。

图 12-23

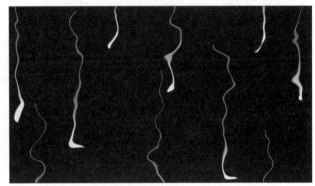

图 12-24

步骤 20 再为预合成图层添加"快速方框模糊"特效，并将该特效移动至"效果控件"面板顶部，设置"模糊半径"为3，并勾选"重复边缘像素"复选框，如图12-25和图12-26所示。

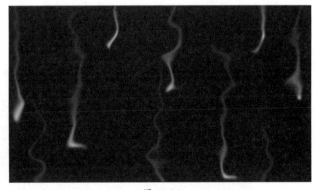

图 12-25

图 12-26

12.2.2 制作雨点和雪花效果

本小节将介绍雨点和雪花飘飞的动画效果，具体操作步骤如下。

步骤 01 返回"背景"合成，隐藏"背景"素材，再执行"图层"→"新建"→"纯色"菜单命令，打开"纯色设置"对话框，输入名称为"雨点"，单击"确定"按钮创建纯色图层，如图12-27所示。

图 12-27

步骤 02 单击"确定"按钮创建纯色图层，再为该图层添加CC Particle World特效。在"效果控件"面板中调整粒子的出生率、粒子类型、颜色等参数，如图12-28和图12-29所示。

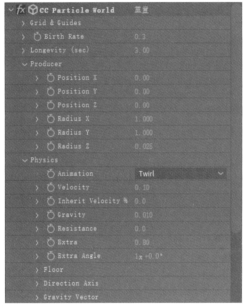

图 12-28

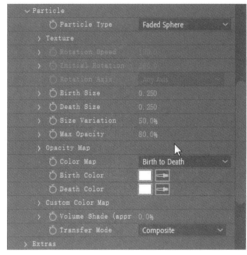

图 12-29

步骤 03 设置后的粒子效果如图12-30所示。

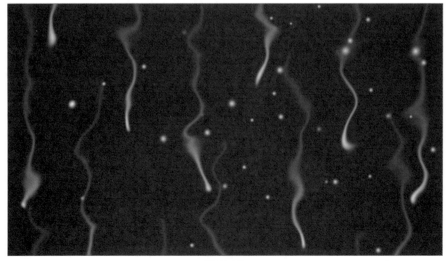

图 12-30

步骤 04 再为"雨点"图层添加"湍流置换"特效，并设置参数，再观察雨点效果，如图12-31和图12-32所示。

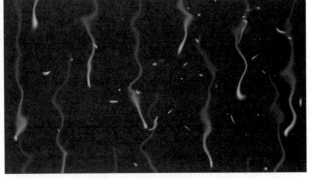

图 12-31

图 12-32

步骤 05 选择"雨点"图层，按Ctrl+D组合键复制图层，并重命名为"雪花"，如图12-33所示。

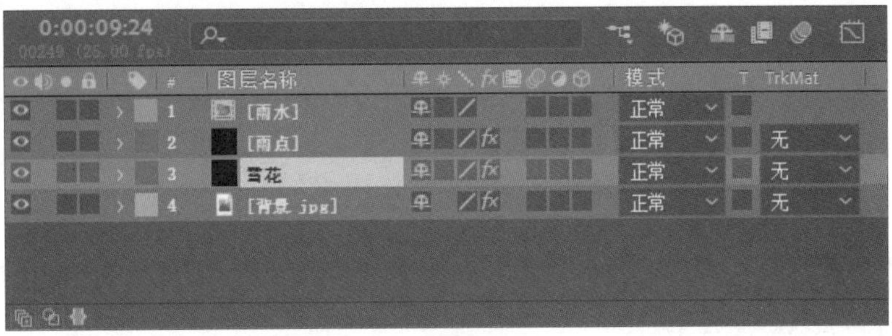

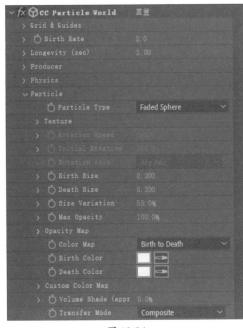

图 12-33

步骤 06 删除"雪花"图层的"湍流置换"特效，调整CC Particle World特效的属性参数，再观察合成的效果，如图12-34和图12-35所示。

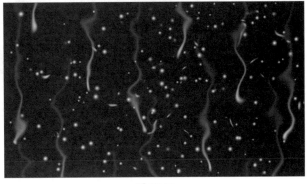

图 12-34

图 12-35

步骤 07 执行"图层"→"新建"→"纯色"菜单命令，新建一个纯色图层，命名为"雨水背景"，置于"雪花"图层上方，如图12-36所示。

图 12-36

步骤 08 选择"雨水""雨点""雨水背景"3个图层，将其创建为预合成，命名为"雨水滑落最终"，隐藏该图层；再复制"背景"图层，将其创建为预合成，命名为"玻璃背景"，置于"雪花"图层上方，如图12-37所示。

图 12-37

步骤 09 为"玻璃背景"图层添加CC Glass特效，在"效果控件"面板调整效果参数，选择"雨水滑落最终"预合成图层作为映射图层。此时可以看到下滑的雨水呈玻璃状态，如图12-38和图12-39所示。

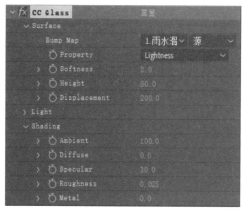

图 12-38

图 12-39

步骤 10 进入"雨水滑落最终"合成，设置"雨水"和"雨点"图层的"不透明度"属性为20%，如图12-40所示。

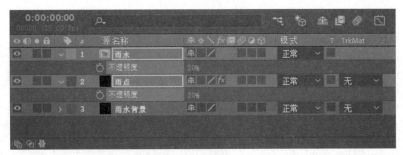

图 12-40

步骤 11 返回"背景"合成，此时的合成效果如图12-41所示。

图 12-41

步骤 12 为"玻璃背景"图层设置轨道遮罩为"亮度遮罩'[雨水滑落最终]'"，设置效果如图12-42所示。

图 12-42

步骤13 为"雨水滑落最终"图层添加"色阶"特效，调整"输入白色"参数为5，如图12-43所示。

步骤14 调整效果如图12-44所示。

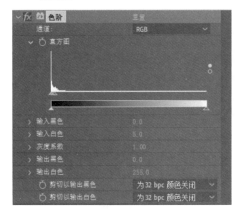

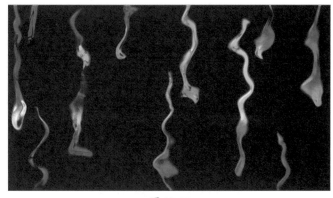

图 12-43　　　　　　　　　　　　　　　　　　图 12-44

步骤15 取消隐藏"背景"图层，再将"雨水滑落最终"图层和"玻璃背景"图层创建为预合成，命名为"雨"，再取消隐藏"背景"图层，如图12-45所示。

图 12-45

步骤16 当前合成效果如图12-46所示。

图 12-46

12.2.3 制作模糊效果

步骤 01 为"雨"图层添加"摄像机镜头模糊"特效，设置"模糊半径"为2，勾选"重复边缘像素"复选框，如图12-47和图12-48所示。

图 12-47　　　　　　　　　　　　图 12-48

步骤 02 为"雪花"图层添加"摄像机镜头模糊"特效，设置"模糊半径"为5，勾选"重复边缘像素"复选框，设置效果如图12-49所示。

图 12-49

步骤 03 再为"背景"图层添加"摄像机镜头模糊"特效，设置"模糊半径"为15，勾选"重复边缘像素"复选框。按空格键即可预览最终的动画效果，如图12-50所示。

图 12-50

参 考 文 献

[1] 吉家进，樊宁宁. After Effects CS6 技术大全 [M]. 北京：人民邮电出版社，2013.

[2] Adobe 公司. Adobe After Effects CS4 经典教程 [M]. 许伟民，袁鹏飞，译. 北京：人民邮电出版社，2009.

[3] 程明才. After Effects CS4 影视特效实例教程 [M]. 北京：电子工业出版社，2010.

[4] 尚铭洋，聂清彬. Illustrator CC 平面设计标准教程：微课版 [M]. 北京：人民邮电出版社，2016.

[5] Adobe 公司. Adobe InDesign CC 经典教程 [M]. 李静，王颖，译. 北京：人民邮电出版社，2014.